토이 푸들 * 치와와 * 미니어처 닥스훈트 등 소형견용

평면이라 입히기 편한
강아지 옷 12개월

쓰지오카 피기·고바야시 미쓰에 : 피폰 지음 | 황선영 옮김

평평한데
입히면 귀엽다

이아소

들어가며

강아지 옷을 직접 만들어보자고 마음먹은 계기는
새로 산 옷을 우리 집 강아지가 좀처럼 내켜 하지 않았기 때문입니다.
처음 키워보는 암컷 강아지였는데, 하는 짓과 눈망울이
여자아이처럼 느껴져 애완견임에도 묘한 감정이 들었습니다.
사내아이만 키워서 그런지 아기자기하고 깜찍한 옷도
이것저것 입혀보고 싶었습니다.
그래서 수월하게 입힐 수 있는 옷, 강아지가 싫어하지 않는 옷,
귀여운 디자인의 옷을 만들어보기로 했습니다.
치수를 재고, 재단하고, 입혀보기를 되풀이하면서
강아지가 서서히 옷에 익숙해질 즈음,
강아지는 억지로 발을 잡아 빼거나 머리에 천을 뒤집어씌우면
싫어한다는 사실을 깨달았습니다.
여러 차례 시행착오 끝에 마침내 완성한 것이 '평평한 옷'입니다.
옷이 평평하니까 만들기도 간단합니다.
이제 여러분이 손수 만든 옷을 사랑하는 '멍멍이'에게 입혀보세요.

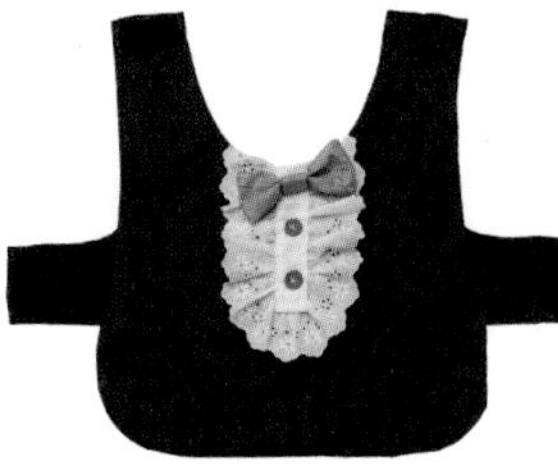

Contents

Introduction 이 책에서 만든 것은 이런 옷

평평한 드레스이다

벨크로 테이프
(찍찍이)로
고정한다

깜찍한 디자인

옷이 평평하니까
토핑이나 레이스를
마음껏 달 수 있다

입으면 이런 스타일

사이즈 조절

옷본의 목둘레와 가슴둘레를 강아지에 맞추어 조절한다.
수정은 간단하게
직선 부분만 한다

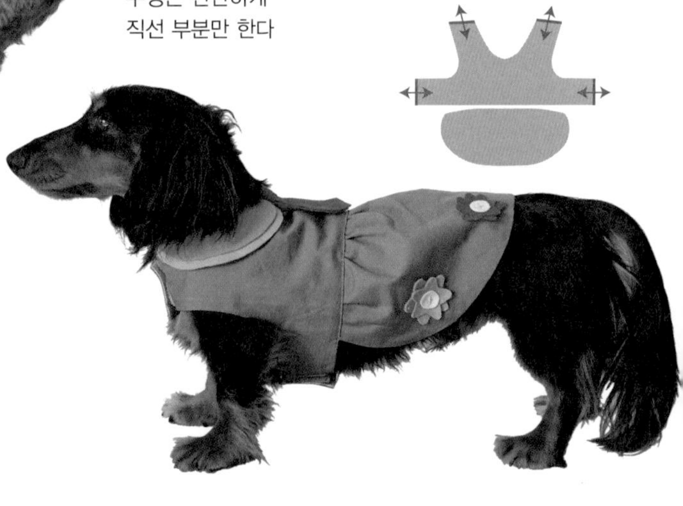

만드는 법은 종이 공작 하듯이 뚝딱!
재봉틀을 다루지 못해도 문제없다

손바느질로 만들 수 있다

★바느질하기 쉬운 천을 고르자.
천을 살 때 물어보자

있으면 편리한 도구

모눈자

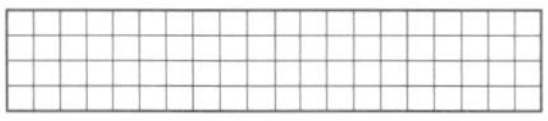

이 책의 시접은 모두 1cm.
모눈자는 시접선을 그리기 편리하다

표시용 펜

펜 기호

천 겉쪽에 표시할 때는
원단용의 지워지는 펜을 사용하면 편리하다

임시 고정용 풀

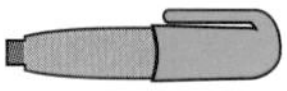

풀 기호

원단용 임시 고정 풀이 있으면
시침질하는 수고를 덜 수 있다

1 시침핀으로 고정한다

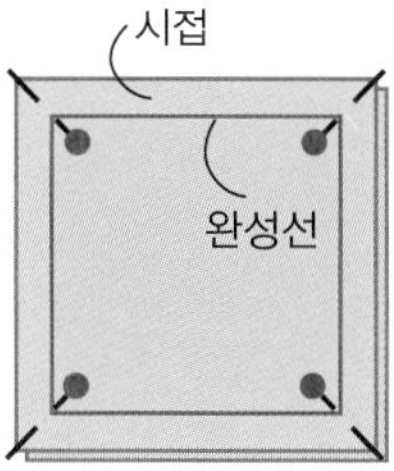

2 풀을 바른다

시침핀을 빼고 겉쪽의
천 끝(시접)에 바른다

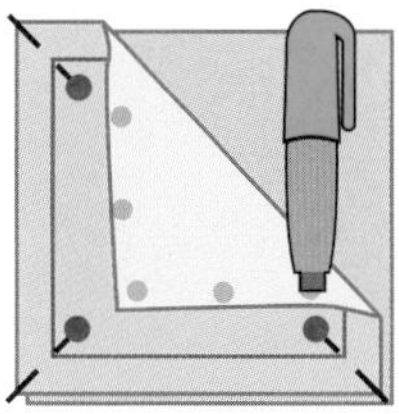

소량을 점을
그리듯이 바른다

**3 풀이 마르기 전에
천을 붙인다**

같은 방법으로 붙여나간다

원단용 접착제

접착제 기호

바느질하기 까다로운 테이프나 레이스 등은 원단용 접착제로도 붙일 수 있다.
접착제를 바른 곳은 약간 딱딱해진다. 전면에 바르지 말고 소량을 점을 그리듯이 바르자.

★두께감이 있는 파트는
떨어지지 않게
바느질로 달자

다림질

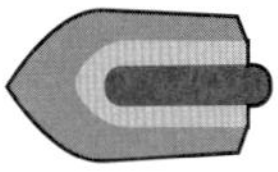

**다리미
기호**

옷이 평평하니까
다림질은 간단.
시접을 접어 다림질.
겉으로 뒤집은 다음 다림질.
이것이 깔끔하게 만드는 요령!

★이 책에서는 처음 바느질을 시작하는 분들을 위해 복잡한 과정은 생략하고
손쉽게 제작할 수 있도록 위와 같은 수예 도구를 사용했다.
옷이 간단하기 때문에 도구를 사용하지 않아도 만들 수 있다. 설명을 잘 읽고 사용하자.

Dog Size 강아지 사이즈를 잰다

사이즈 재는 법

등 길이를 기준으로 드레스의 M・S・SS를 선택한다

등 길이 목 밑 부근에서 등뼈를 따라 꼬리 전까지 잰다

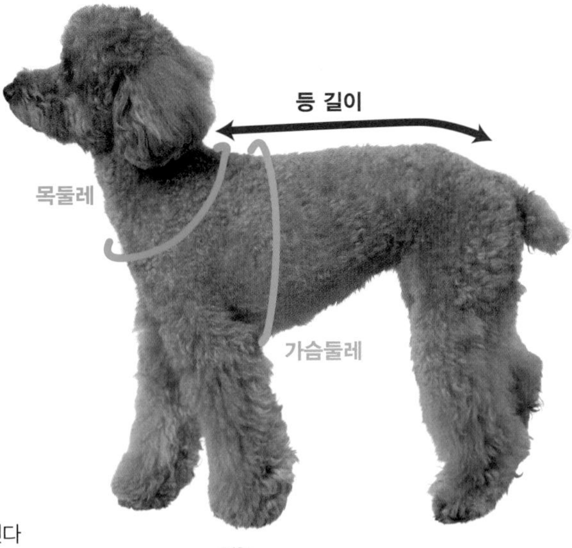

목・가슴둘레는 실제 옷 사이즈로

드레스는 신축성이 없는 천으로 만들기 때문에 꼭 맞게 재면 갑갑하게 느낀다. 손가락을 2～3개 넣어 여유를 두고 잰다

목둘레 목줄을 느슨하게 내려 목 밑 부근을 잰다

가슴둘레 강아지 가슴둘레 사이즈.
겨드랑이 아래쪽에 가깝게, 가장 굵은 부분을 잰다

옷을 가지고 있다면

평평하게 놓고 가슴둘레를 잰다.
신축성 있는 소재로 딱 맞는 옷이라면 조금 여유를 둔다

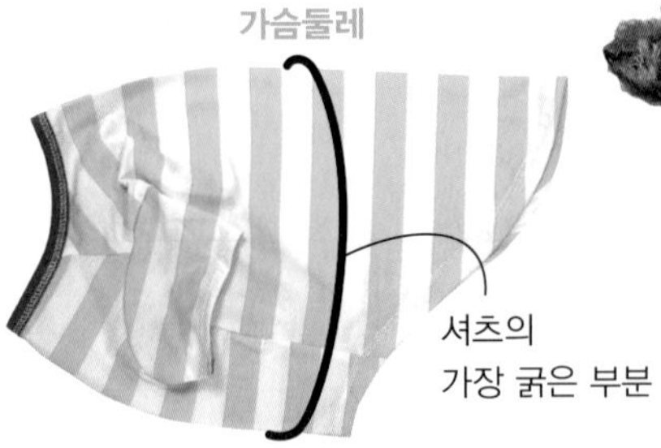

강아지 사이즈표

날짜 etc.	등 길이	목둘레	가슴둘레

날짜나 털 자르기 전후 등도 적어놓는다

★트리밍을 하면 사이즈가 달라지므로
자르기 전에 털이 길었을 때 재는 것이 좋다.
강아지가 살찌거나 마를 수도 있으니
가끔씩 사이즈를 다시 재놓자

옷본을 강아지 사이즈로

목・가슴 2곳에서 고정하는 옷이기 때문에
이곳의 피트가 가장 중요.
강아지에 맞게 옷본을 수정한다

오른쪽 페이지 **기본 체형**과
강아지 사이즈의 차이를 계산한다

(강아지 사이즈)−(기본 체형)=변경 사이즈

★M 사이즈를 고른 경우,
기본 체형은 가슴둘레 **45cm** 강아지가 **43cm**라면
43−45=−2cm
가슴둘레 변경 사이즈는 **−2cm**이다

통통한 강아지

날씬한 강아지

변경 사이즈

날짜 etc.	목둘레	가슴둘레

Dress Sizes 이 책의 드레스 사이즈(단위 cm)

드레스는 소형견용의 M・S・SS

드레스 디자인은 3 타입

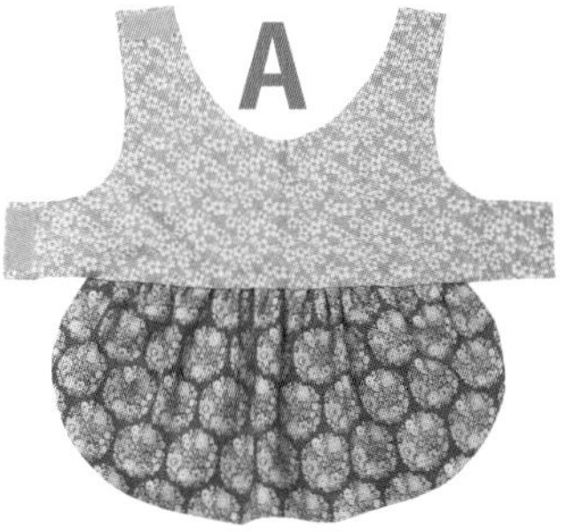

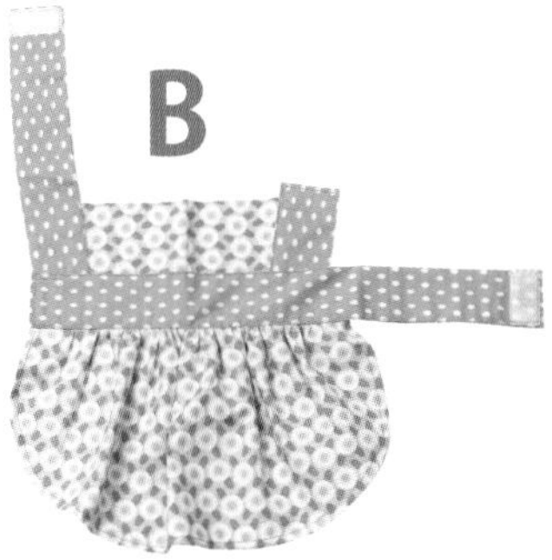

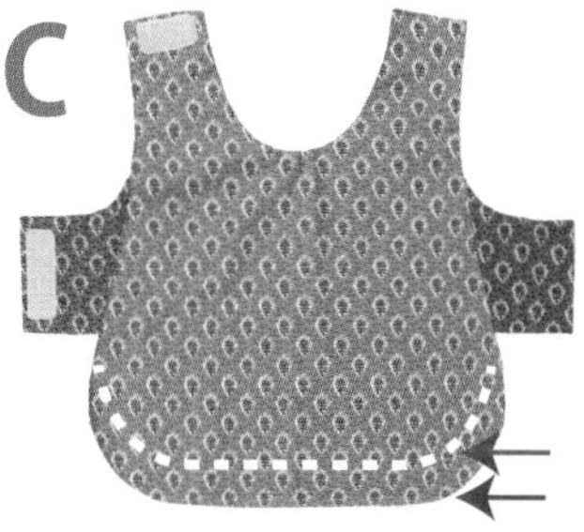

길이가 2 타입 있다

M・S・SS는 드레스 길이에서 고른다

강아지 등 길이보다 약간 작은 것을 고르자

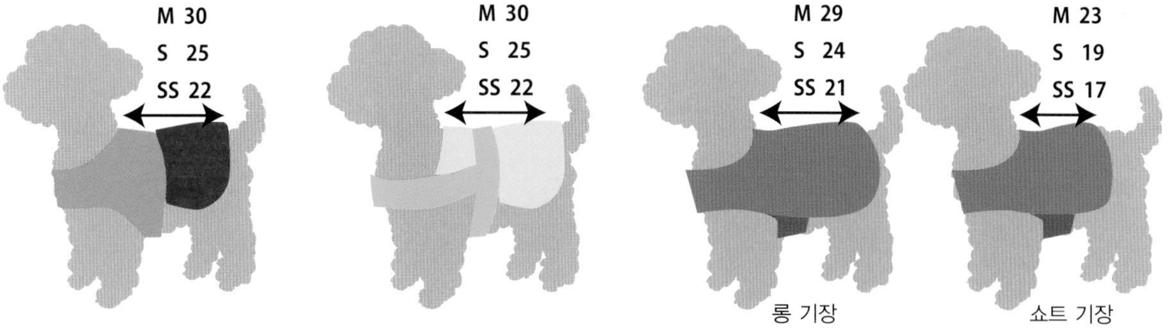

목・가슴둘레는 어떤 디자인의 드레스든 같다

기본 체형(이 책의 드레스 사이즈)

	목둘레	가슴둘레
M	31	45
S	26	38
SS	22	33

기본 체형

옷본에는 기본선으로
이 선이 들어가 있다

Patterns for Your Dog

강아지에 맞춘 옷본 만들기

수록된 실물 대형 옷본을 펴고, 내 강아지 사이즈로 조절한다

목둘레·가슴둘레를 조절

기본선은
이 책 기본 체형의 목둘레·가슴둘레
(P.07)의 위치.

'변경 사이즈'(P.06)의 선을 그려 넣어
강아지의 목둘레·가슴둘레로 변경

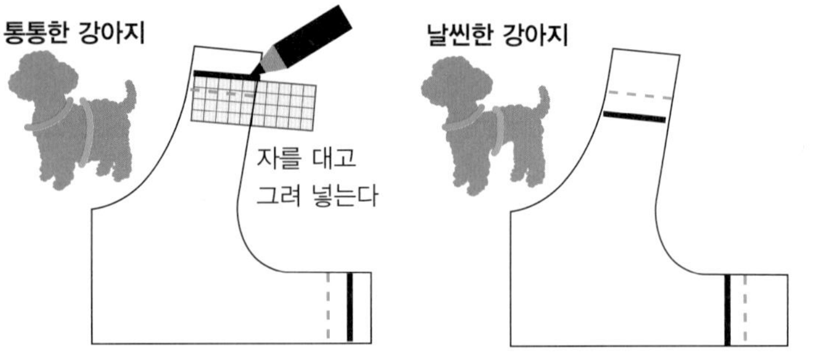

드레스 **A**와 **C**의 옷본은 반신이므로
'변경 사이즈'의 1/2 치수로
선을 그려 넣는다

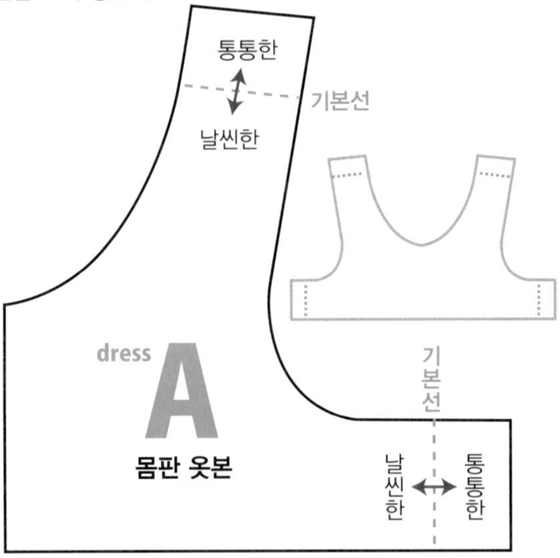

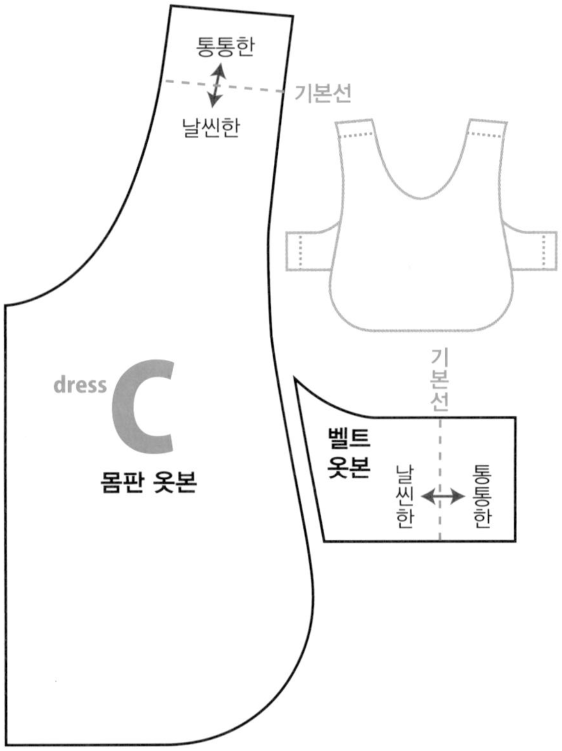

dress B

옷본의 어깨끈과 벨트
길이를 수정.
'변경 사이즈'의 선을 그려 넣는다

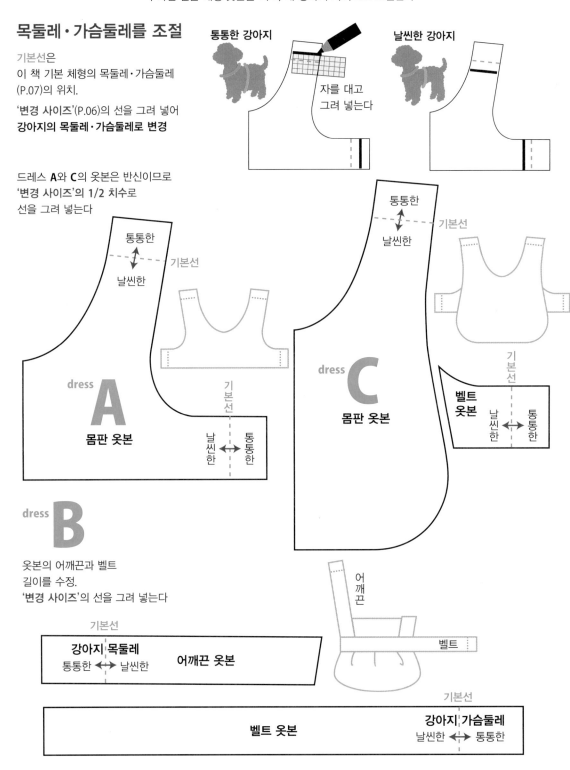

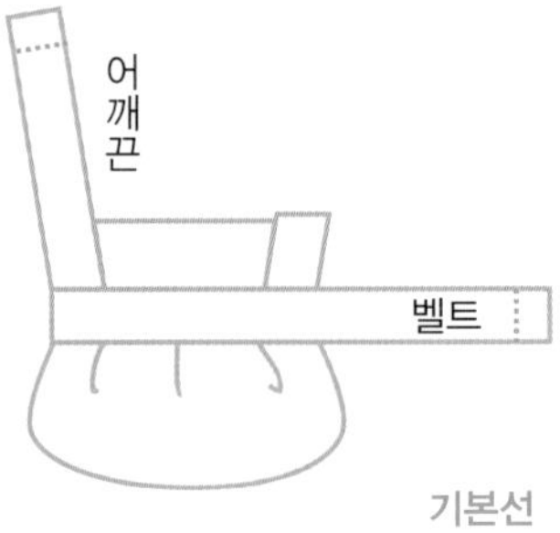

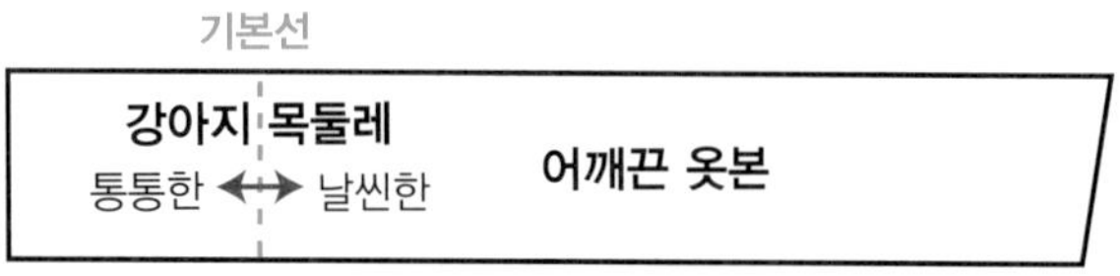

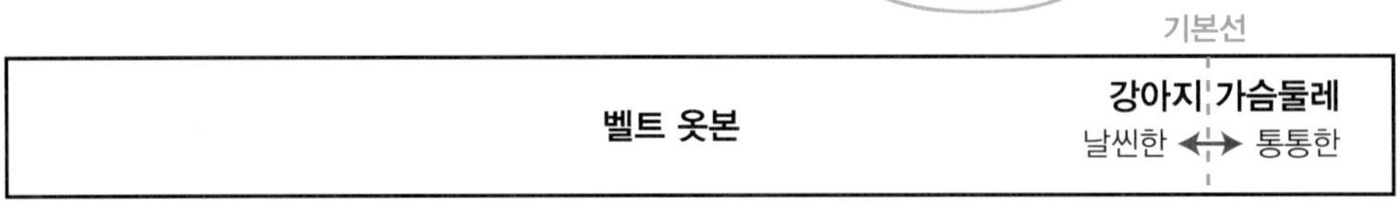

천의 겹침 분량을 더한다

천을 겹쳐 벨크로 테이프(폭 2.5cm)로 고정하기 때문에
강아지의 목둘레·가슴둘레 바깥쪽에
천의 겹침 분량을 그려 넣는다.
이것이 드레스의 **완성선**

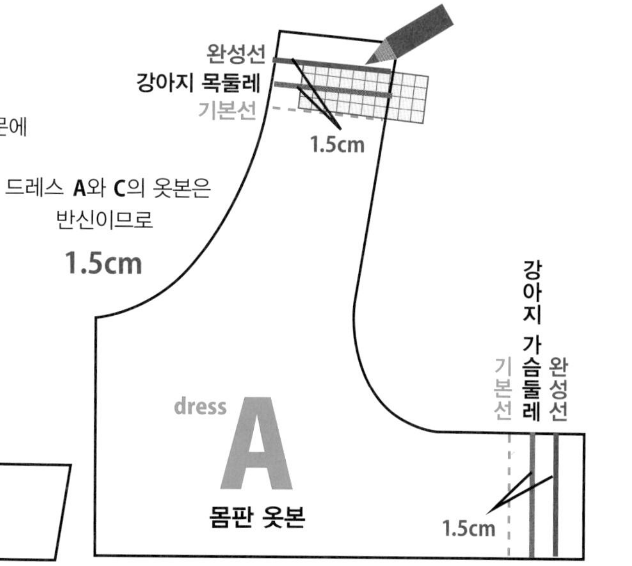

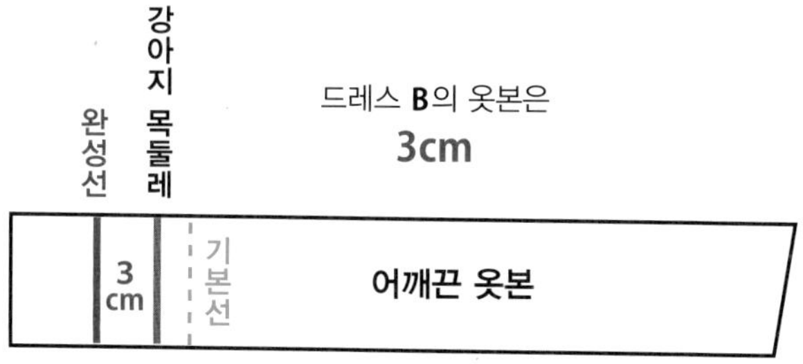

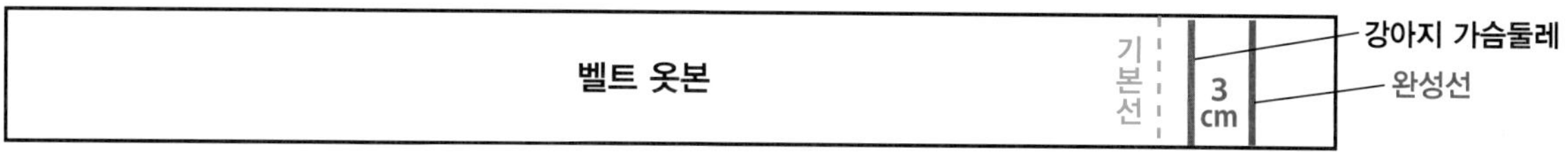

마분지 옷본을 만든다

마분지로 옷본을 만들어놓으면
천에 베끼기 쉽고
다림질할 때 편리하다

1 옷본이 비치는 흰색 종이나
복사용지에 옷본을 베낀다

2 종이의 여백을 여유 있게 잘라
마분지에 놓고
여백을 풀로 붙인다

3 옷본대로 자른다

4 다른 옷본도 같은 방법으로
자른다

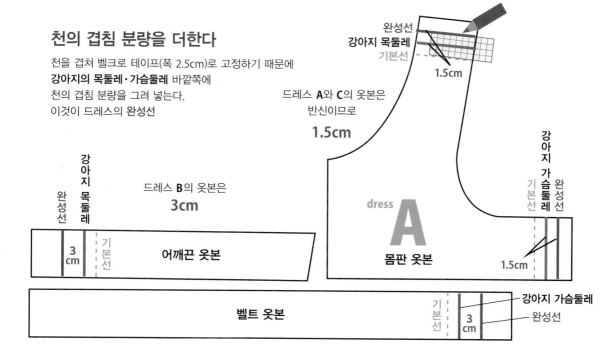

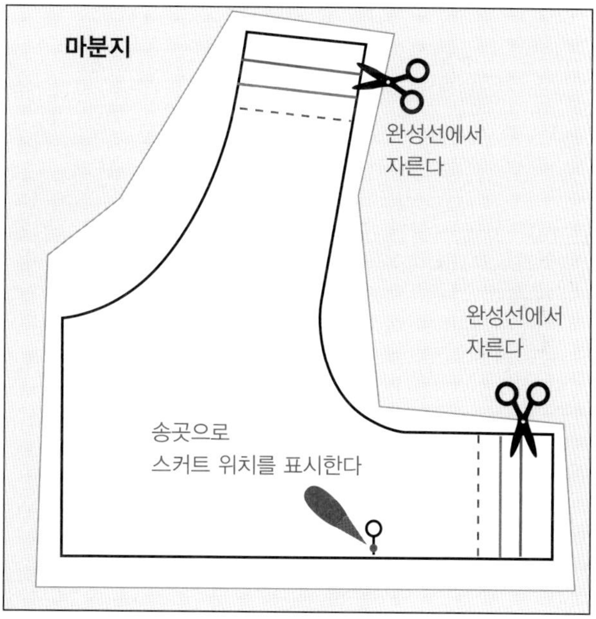

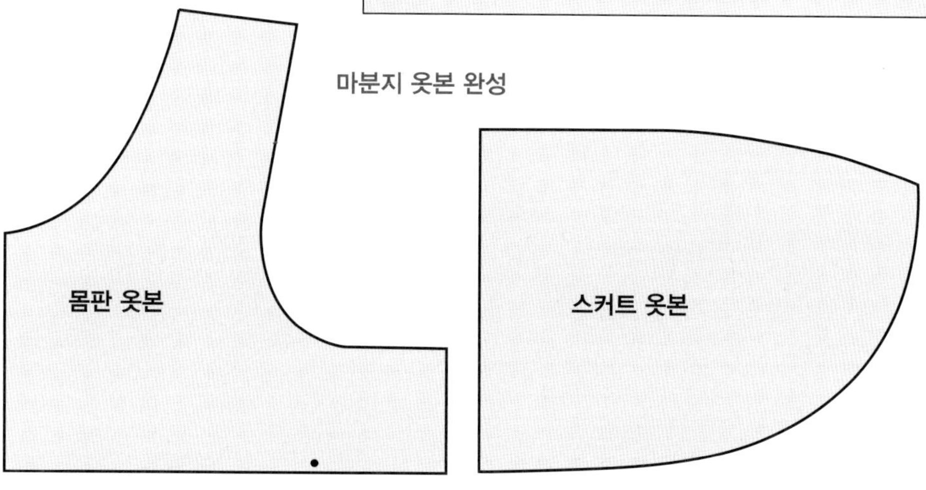

Basic Tips

기본 만드는 법

**이 책의 옷과 소품을 만드는 기본 방법이다.
반드시 알아두자.**

dress A

개더 스커트의
귀여운 원피스

소재 : 면・프린트
옷본 ▶ 부록 앞면
재료 ▶ P.52

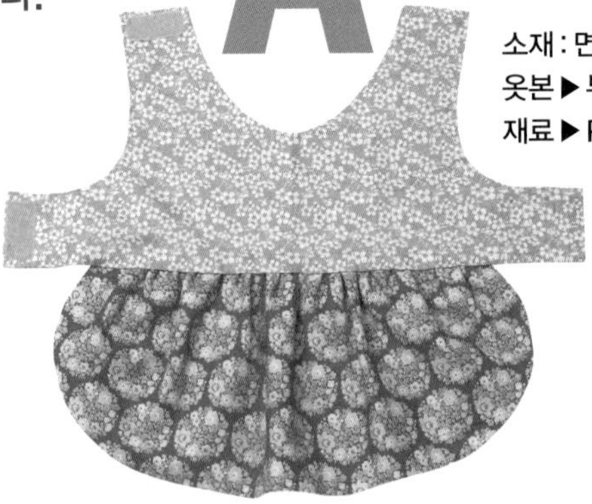

천을 자른다

1 천에 옷본을 놓고 옷본을 베낀다.
옷본을 뒤집어 반대쪽도 베낀다.
천이 작아서 올 방향은 가로·세로 어느 쪽이든 상관없다

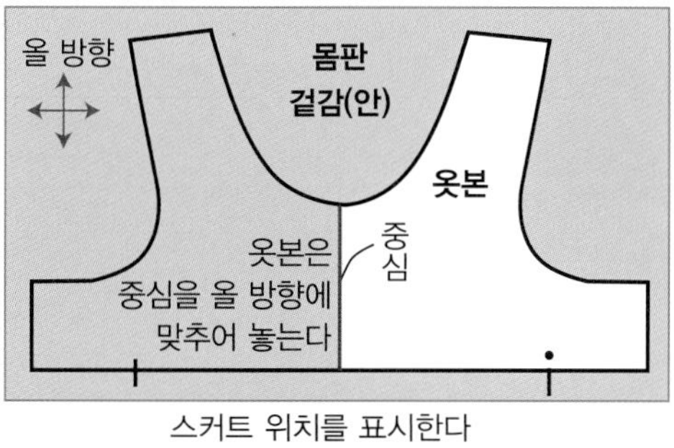

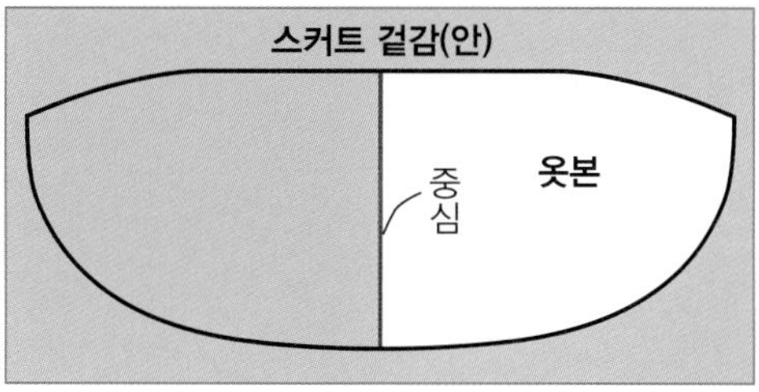

사이즈 조절이 가능한 옷으로 한다

트리밍으로 강아지 사이즈가 달라지는 경우, 몸판 천 한쪽을 늘려 벨크로 테이프를 2장(P.13) 달아놓으면 사이즈를 조절할 수 있어 편리.
벨크로 테이프의 폭이
2.5cm이므로
M·S·SS
사이즈 모두
3cm 늘린다

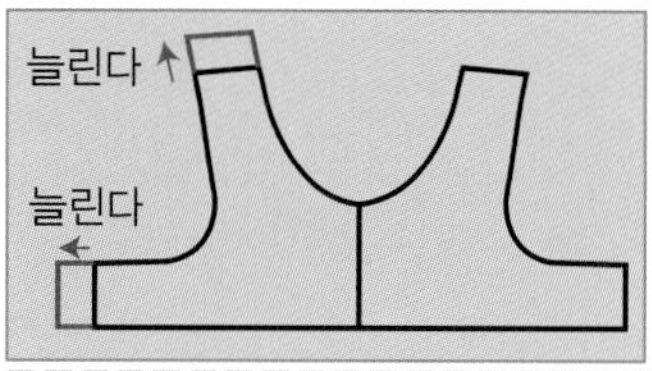

2 시접선을 그린다. 스커트도 같은 방법으로 선을 그린다

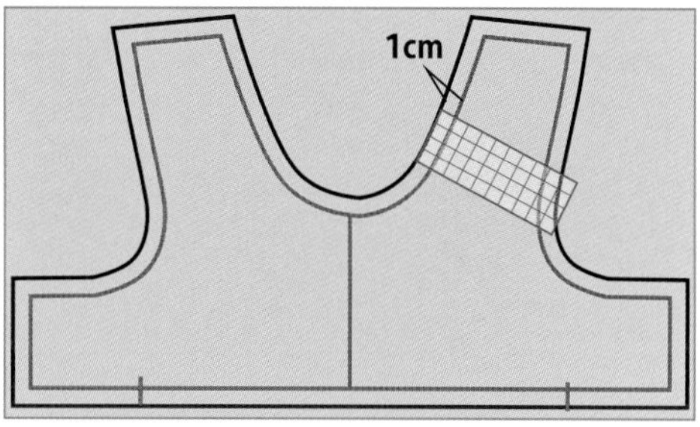

3 겉감을
시접선에서
자른다

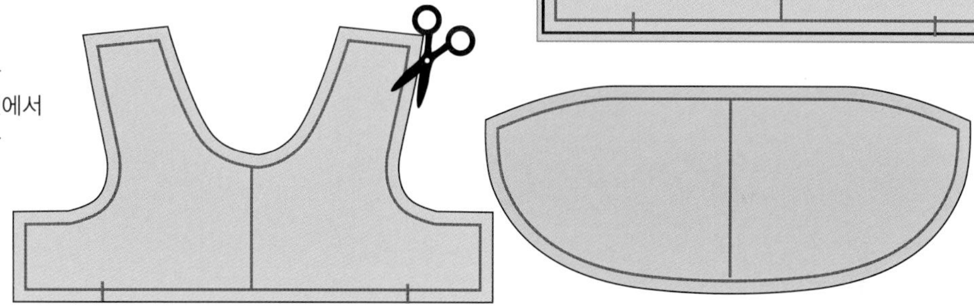

풀로 임시 고정한다

1 안감에 놓고 어긋나지 않게 시침핀으로 고정한다

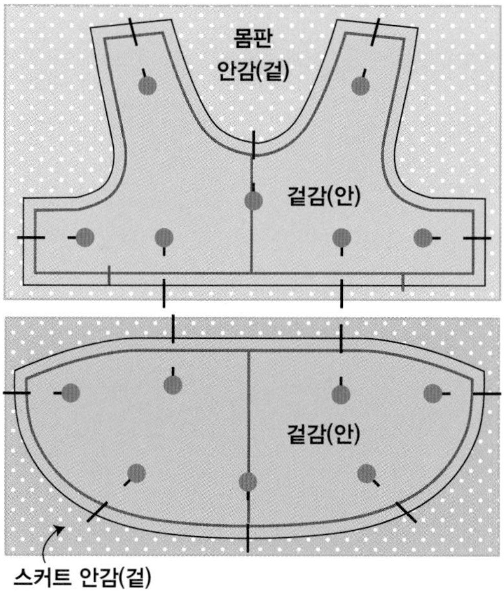

2 시침핀을 빼면서 겉으로 뒤집어 시접에
풀을 소량씩 발라 천을 임시 고정한다

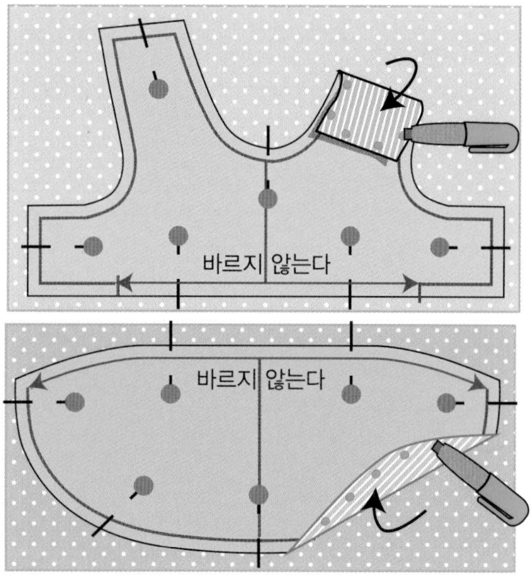

몸판과 스커트를 각각 박음질한다

1 안감의 여분을 여유 있게 자르고 완성선을 박음질한다

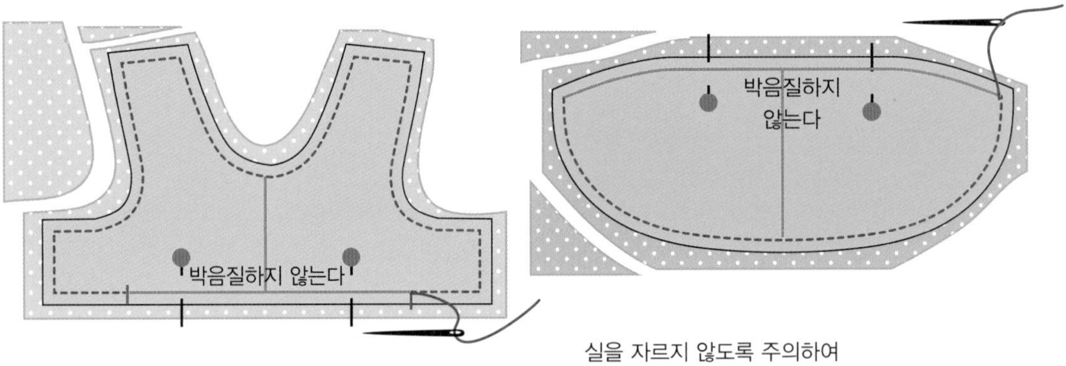

박음질하지 않는다
박음질하지
않는다

2 안감을 겉감에 맞추어
자른다.
겉으로 뒤집기 편하게
안쪽으로 오목한
곡선 부분에 가위집을
넣는다.
천의 모서리를
자른다

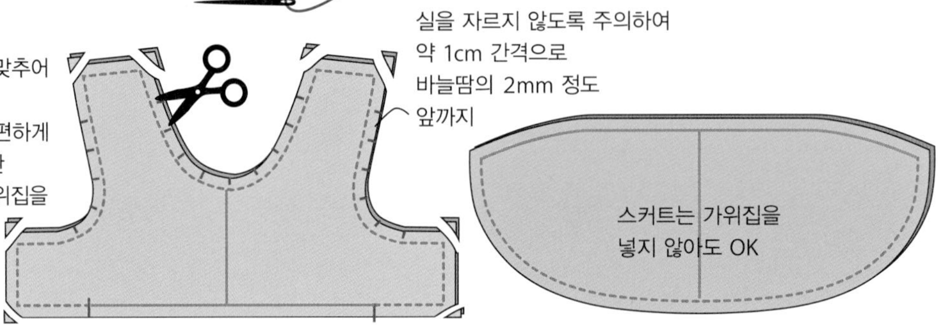

실을 자르지 않도록 주의하여
약 1cm 간격으로
바늘땀의 2mm 정도
앞까지
스커트는 가위집을
넣지 않아도 OK

3 옷본을 놓고 옷본에 맞추어 다림질하면서 시접을 접는다

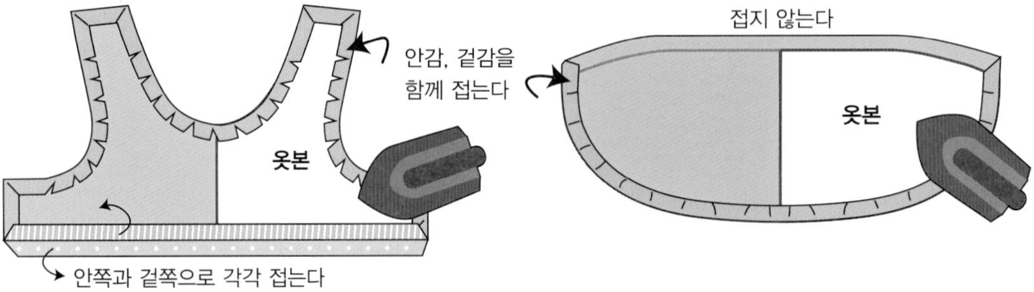

안감, 겉감을
함께 접는다
옷본
안쪽과 겉쪽으로 각각 접는다
접지 않는다
옷본

4 겉으로 뒤집어 다림질한다.
옷본을 겹쳐 중심을 표시해놓는다

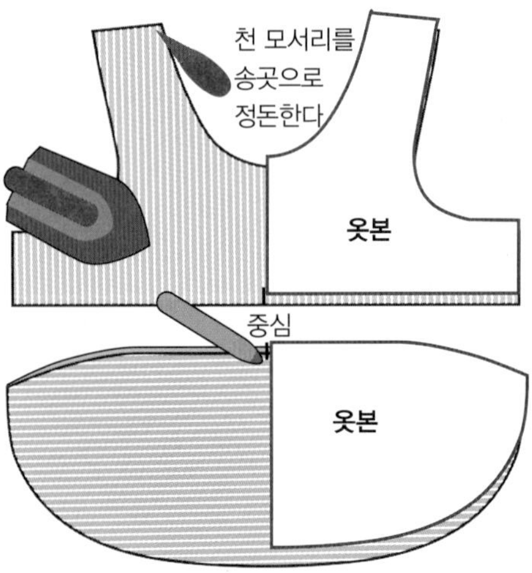

천 모서리를
송곳으로
정돈한다
옷본
중심
옷본

5 스커트 위치에 맞추어 스커트를 줄인다

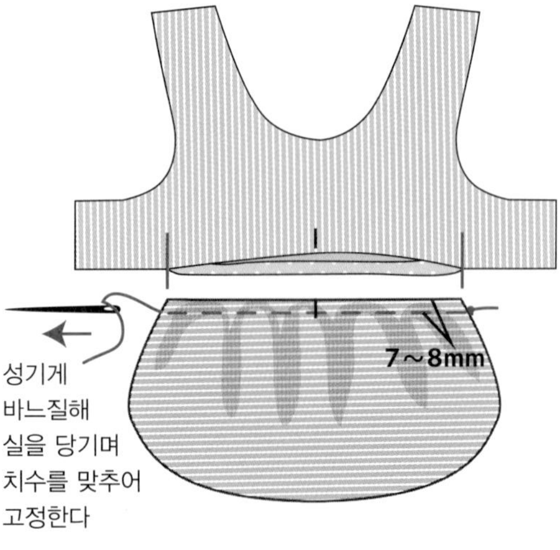

7~8mm
성기게
바느질해
실을 당기며
치수를 맞추어
고정한다

몸판과 스커트를 맞춰 박음질한다

1 스커트의 시접을 몸판에 끼워 넣는다

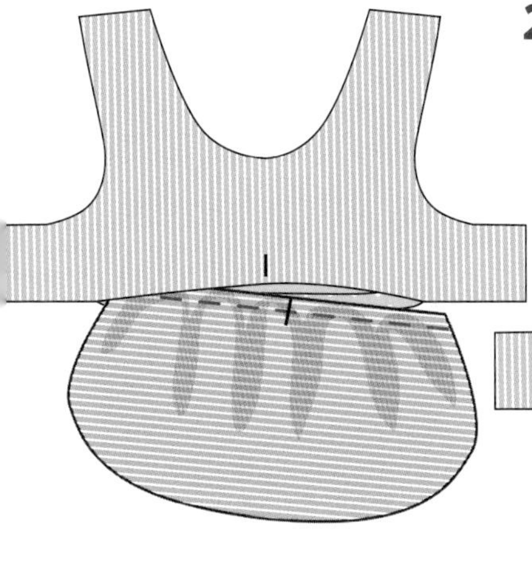

2 중심, 양 끝의 순서로 시침핀으로 고정한다. 개더를 정돈한다. 풀로 임시 고정한다

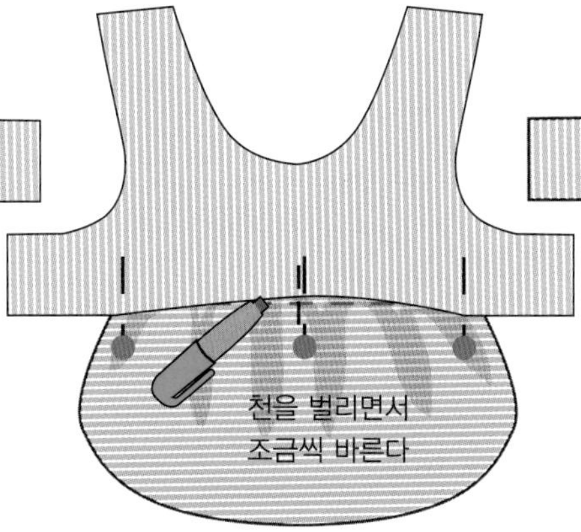
천을 벌리면서
조금씩 바른다

3 몸판과 스커트를 박음질해 고정한다

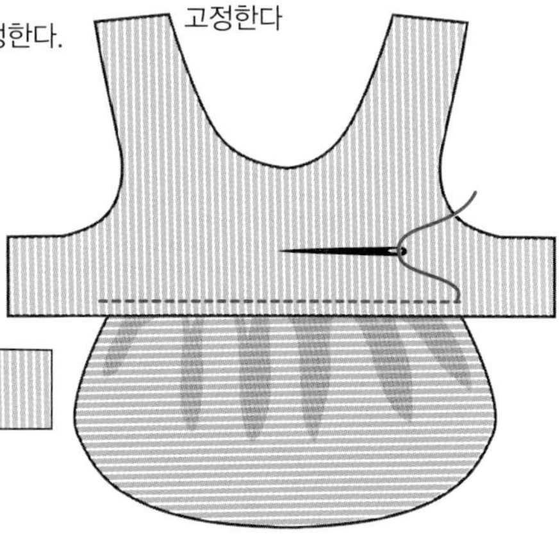

한 번에 박음질하기 힘들 때는
겉과 안 한쪽씩 천을 뜨면서 박음질한다

벨크로 테이프 다는 법

벨크로 테이프에 대하여▶P.51

벨크로 테이프는 질감이 다른 2장의 테이프가 한 세트

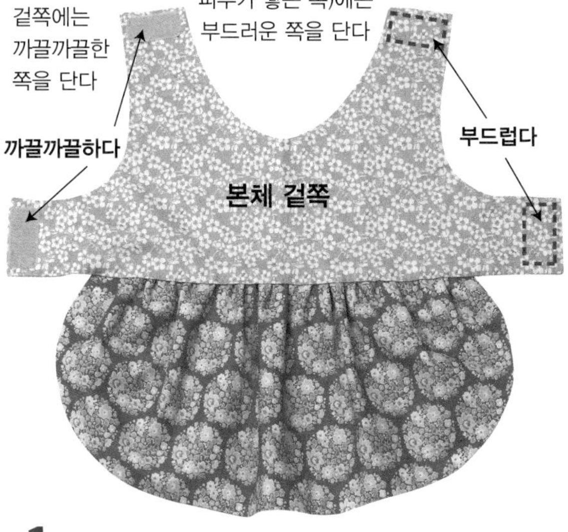
드레스의
겉쪽에는
까끌까끌한
쪽을 단다
안쪽(강아지의
피부가 닿는 쪽)에는
부드러운 쪽을 단다
까끌까끌하다
부드럽다
본체 겉쪽

1 벨크로 테이프의 모서리를 둥글게 자른다

2 모서리를 바느질로 임시 고정한다. 강아지에게 입혀 사이즈 확인

임시 고정

3 박음질하여 단단히 고정한다

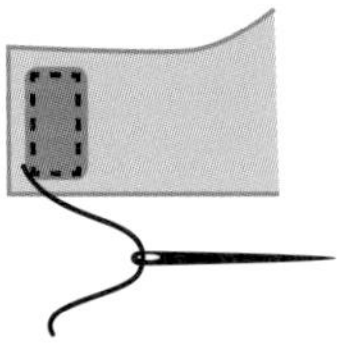

사이즈 조절이 가능한 옷으로 한다

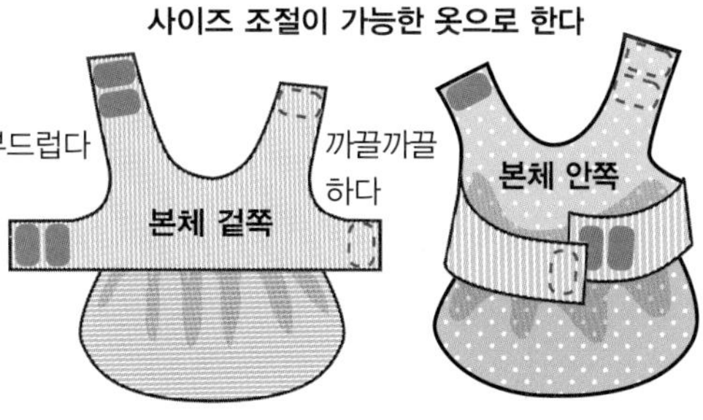
부드럽다
까끌까끌
하다
본체 겉쪽
본체 안쪽

몸판 천 한쪽을 늘린 옷(P.11)은
여분의 벨크로 테이프에 털이 엉키지 않게
1장 달 때와 반대로
겉쪽을 부드러운 쪽, 안쪽을 까끌까끌한 쪽으로 한다

칼라나 장식 파트를 단다

천이 달라도 본체 만드는 법은 같다

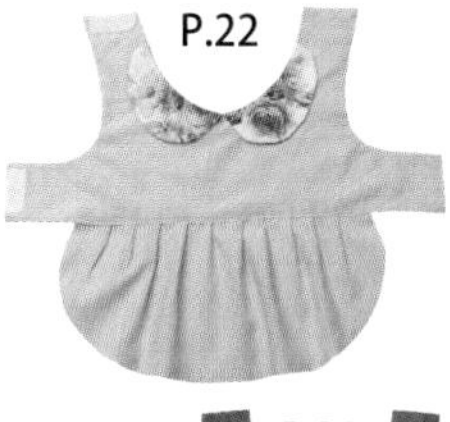
P.22

P.28

칼라나 에이프런은
본체를 만드는 공정
중간에 단다

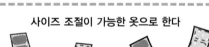

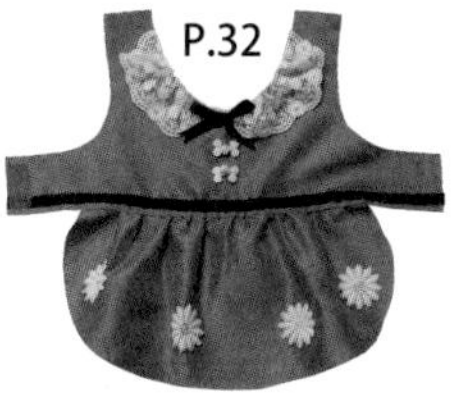
P.32

장식 파트는
본체를 완성한 뒤
단다

How to Make

dress **B**

어깨끈이 포인트인
에이프런 드레스

B 드레스 만들 때의 포인트

기본 만드는 법은 **A** 드레스를 참고하자.
스커트는 1겹으로 완성한다

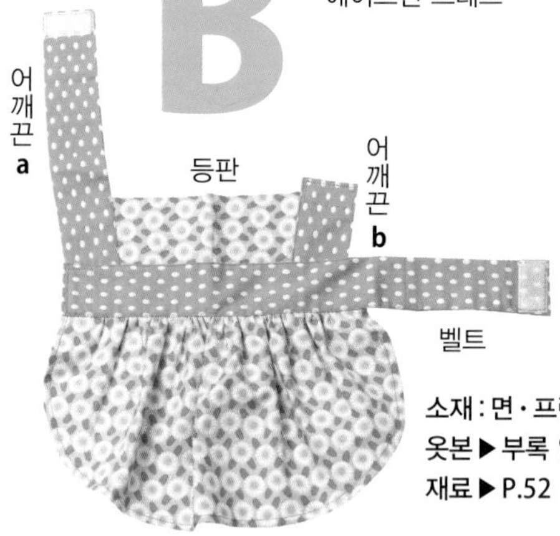

소재 : 면 · 프린트
옷본 ▶ 부록 앞면
재료 ▶ P.52

1 천에 옷본을 베낀다. 시접선을 그려 자른다

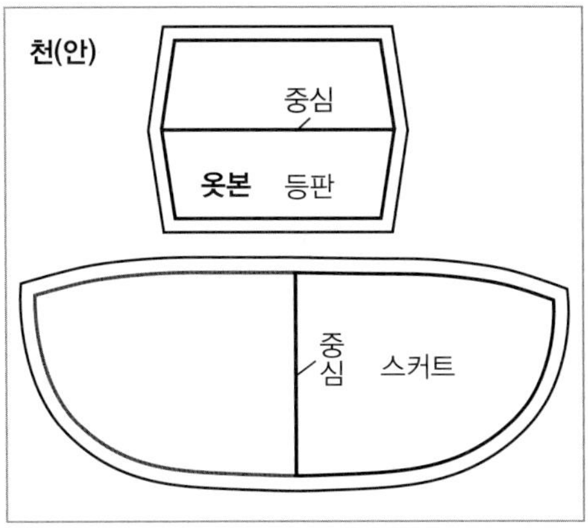

천(안)
중심
옷본 등판
중
심
스커트

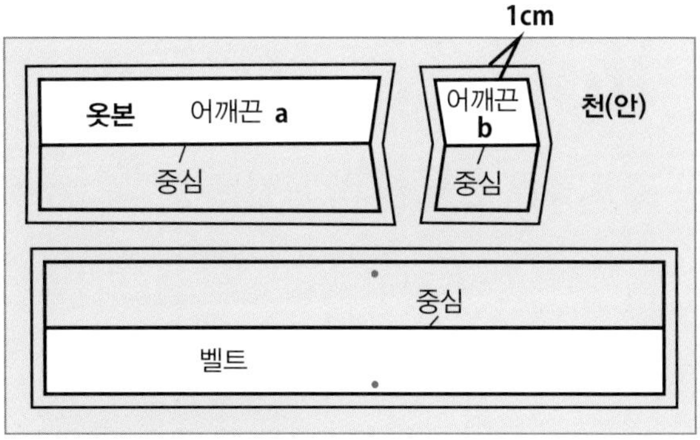

1cm
옷본 어깨끈 a
중심
어깨끈 b
중심
천(안)
중심
벨트

2 스커트는 옷본을 놓고 옷본에 맞추어 다림질하면서 시접을 접는다

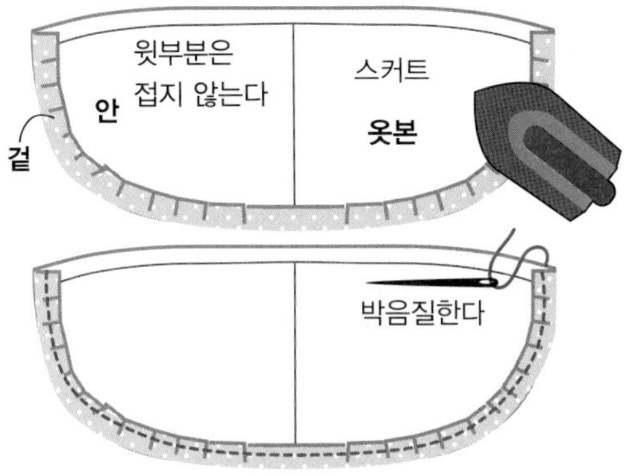

윗부분은
접지 않는다
안
겉
스커트
옷본
박음질한다

3 어깨끈과 벨트는 시접을 접어 반으로 접는다

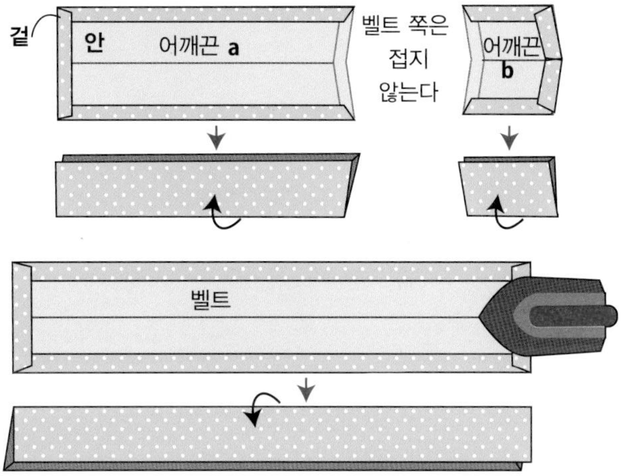

겉
안
어깨끈 a
벨트 쪽은
접지
않는다
어깨끈
b
벨트

4 스커트와 벨트를 맞춰 박음질한다

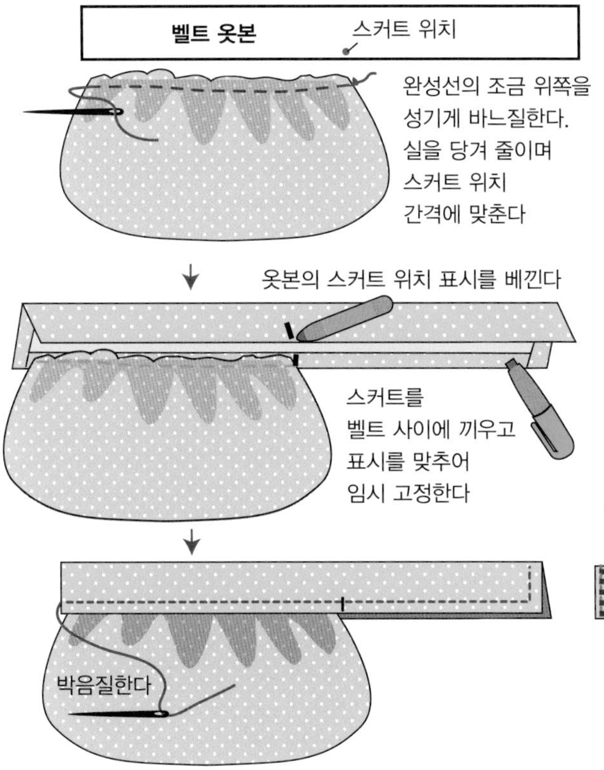

벨트 옷본
스커트 위치
완성선의 조금 위쪽을
성기게 바느질한다.
실을 당겨 줄이며
스커트 위치
간격에 맞춘다
옷본의 스커트 위치 표시를 베낀다
스커트를
벨트 사이에 끼우고
표시를 맞추어
임시 고정한다
박음질한다

5 등판과 어깨끈을 맞춰 박음질한다

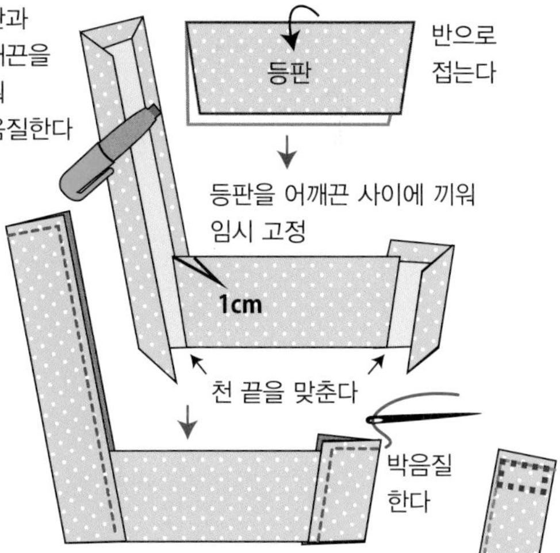

등판
반으로
접는다
등판을 어깨끈 사이에 끼워
임시 고정
1cm
천 끝을 맞춘다
박음질
한다

6 벨트에 드레스의 윗부분을 단다.
벨크로 테이프를 단다

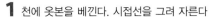

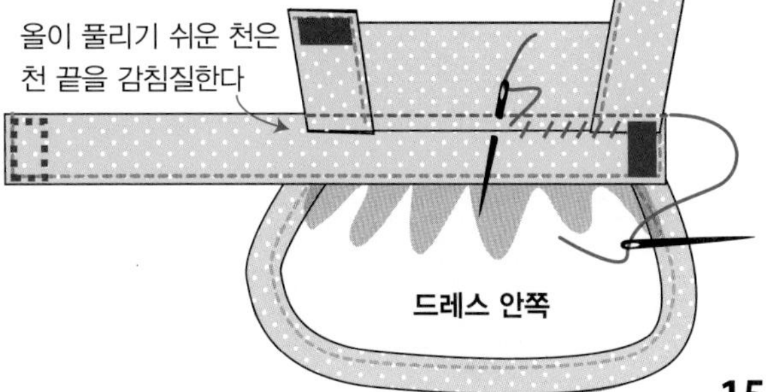

올이 풀리기 쉬운 천은
천 끝을 감침질한다
드레스 안쪽

How to Make

C 드레스 만들 때의 포인트

기본 만드는 법은 A 드레스를 참고하자

dress C 롱 기장

만들기 쉬운
심플한 드레스.
레이스나 장식을
달아도 귀엽다.
드레스 길이는
2 타입이지만
만드는 법은 같다

소재 : 면·프린트
옷본 ▶ 부록 뒷면
재료 ▶ P.53

1 천에 옷본을 베낀다. 시접선을 그려 자른다

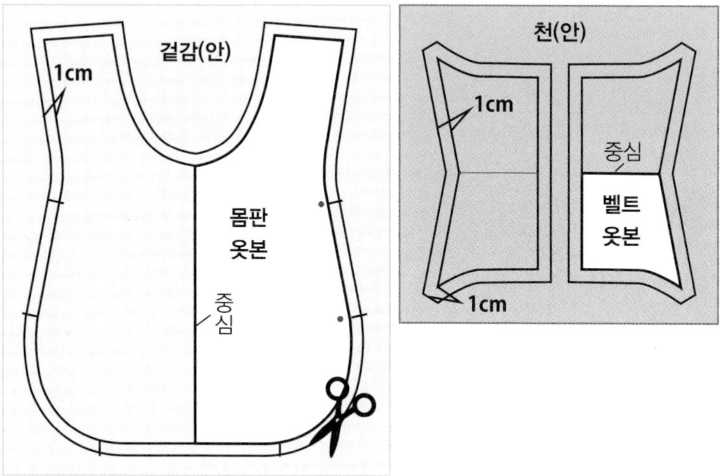

겉감(안)
1cm
몸판
옷본
중심
천(안)
1cm
중심
벨트
옷본
1cm

2 벨트 천 2장을 접어 박음질한다

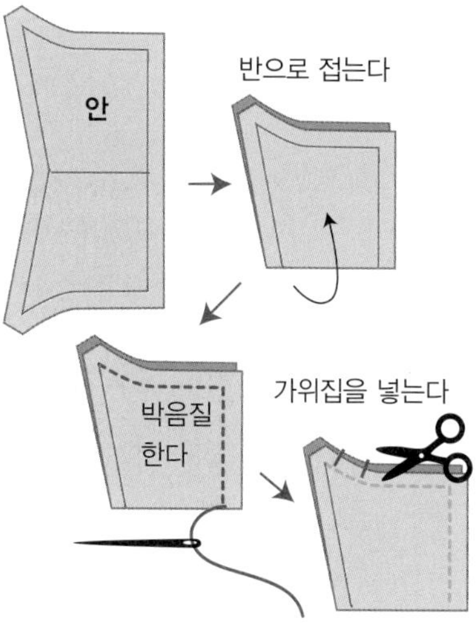

안
반으로 접는다
박음질
한다
가위집을 넣는다

3 몸판의 겉감을 안감과 겹쳐
시접을 풀로 임시 고정한다.
안감의 여분을 여유 있게 자르고
박음질한다

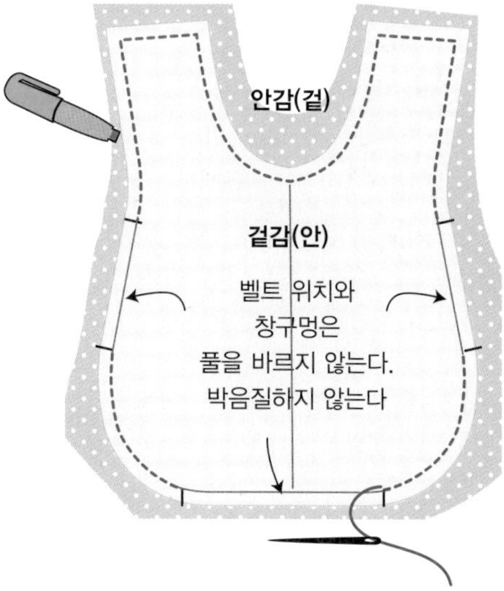

안감(겉)
겉감(안)
벨트 위치와
창구멍은
풀을 바르지 않는다.
박음질하지 않는다

4 겉감에 맞추어 안감을 자른다.
가위집을 넣는다

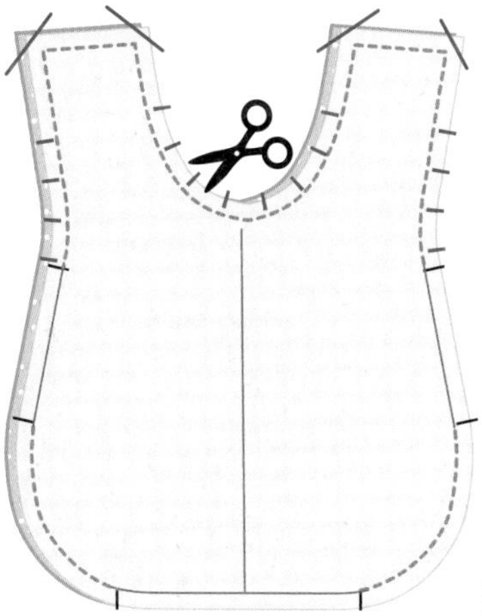

5 옷본을 놓고
몸판과 벨트의 시접을
옷본에 맞추어 접는다

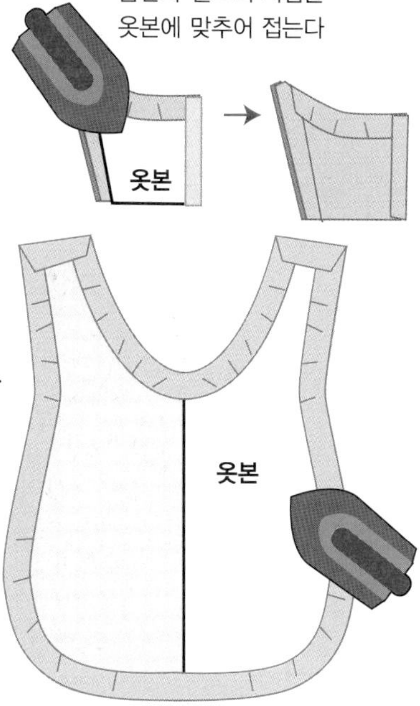

옷본
옷본

6 몸판과 벨트를 겉으로 뒤집어 다림질한다.
벨트 파트를 조합하여 박음질한다.
벨크로 테이프를 단다

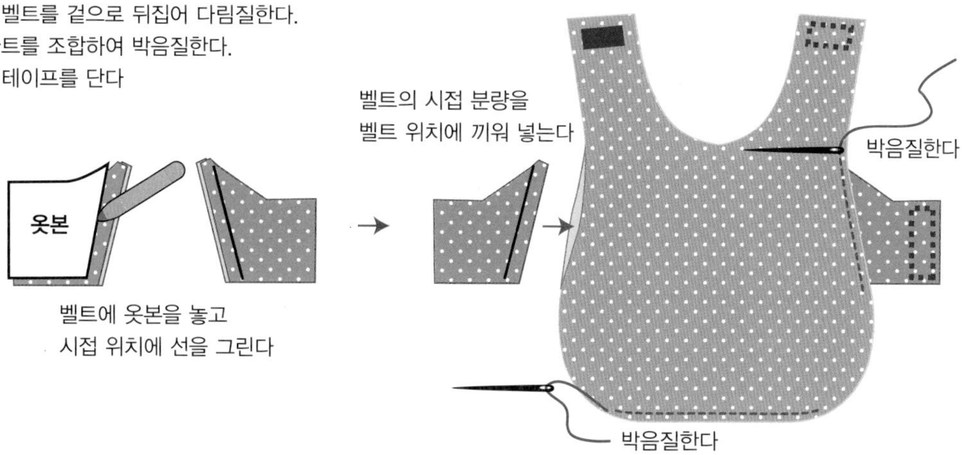

벨트의 시접 분량을
벨트 위치에 끼워 넣는다
박음질한다
옷본
벨트에 옷본을 놓고
시접 위치에 선을 그린다
박음질한다

Size Adjustment

완성한 드레스의 조정

옷이 강아지에게 잘 맞는 것이 가장 중요.
강아지는 살이 찌기도 하고 빠지기도 하기 때문에 옷을 입힐 때마다 체크한다. 사이즈 조절은 아래의 방법으로

작게 하고 싶다 입혀보니 옷이 커서 헐렁할 때

벨크로 테이프의 위치를 바꾼다

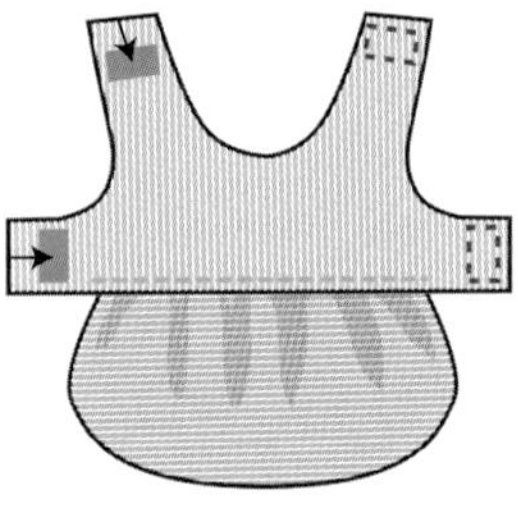

고무줄 드레스(P.24)의 경우

임시 고정했을 때는 고무줄을 짧게 한다

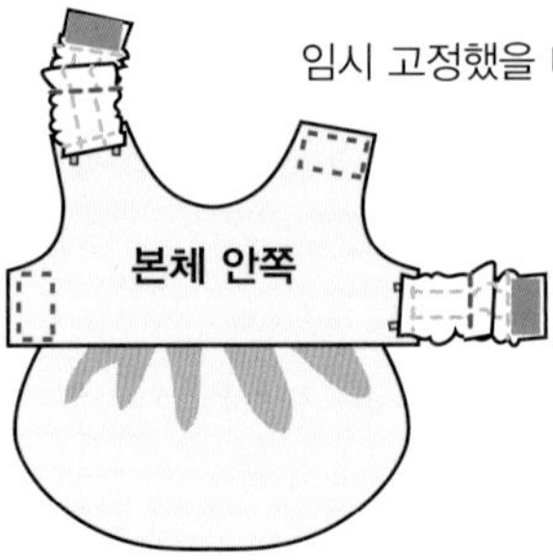

이미 단단히
달아버렸다면
고무줄과 천을
함께 집어 고정한다

크게 하고 싶다 입혀보니 강아지가 더 커서 벨크로 테이프가 고정되지 않는다면

한쪽에 천을 덧붙여 늘린다. 드레스의 여분 천을 잘라두면 깔끔하게 수정할 수 있다.
여분 천이 없다면 귀여운 천으로 포인트를 주는 것도 예쁘다

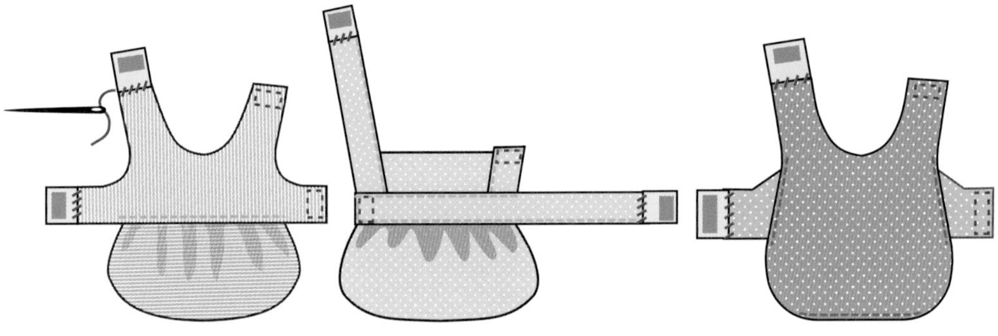

오줌으로 옷자락이 젖는다

다리가 짧은 강아지나 오줌을 곧잘 적시는
강아지는 미리 스커트 길이를 짧게 해놓는다.
C 드레스의 경우 쇼트 기장을 사용한다

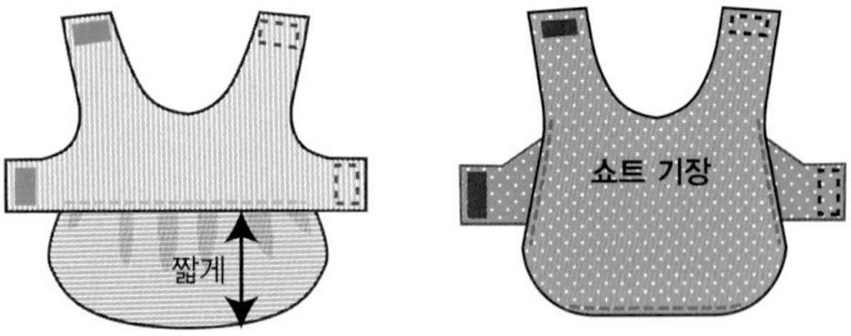

완성된 드레스의 경우
스커트를 호박
스커트(P.34)
타입으로 바꾼다

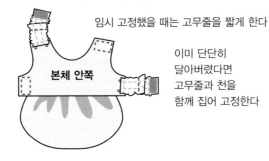

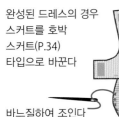

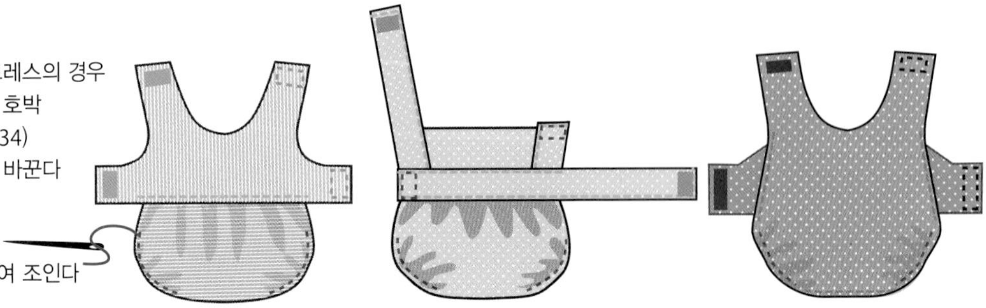

바느질하여 조인다

Dog Dresses of The Month

강아지 옷 12개월

만들기 전에
먼저 읽어봐요

드레스 본체 만드는 법은

이 페이지를 본다

dress
P.10
A

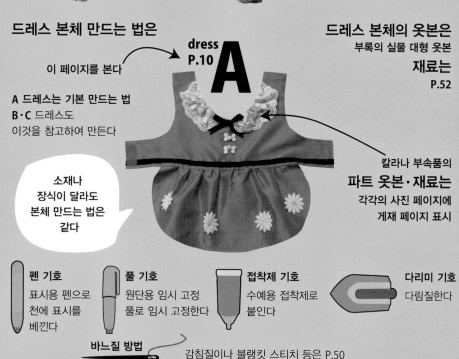

A 드레스는 기본 만드는 법
B·C 드레스도
이것을 참고하여 만든다

소재나
장식이 달라도
본체 만드는 법은
같다

드레스 본체의 옷본은
부록의 실물 대형 옷본

재료는
P.52

칼라나 부속품의
파트 옷본·재료는
각각의 사진 페이지에
게재 페이지 표시

펜 기호
표시용 펜으로
천에 표시를
베낀다

풀 기호
원단용 임시 고정
풀로 임시 고정한다

접착제 기호
수예용 접착제로
붙인다

다리미 기호
다림질한다

바느질 방법
감침질이나 블랭킷 스티치 등은 P.50

4 April

스쿨 원피스

강아지도 세일러복으로 학교 가는 기분을 내보았다.
개더 스커트를 플리츠 스커트로 변경하기만 하면
만들 수 있다

본체 소재 : 면·스트라이프
플리츠 스커트 옷본
▶부록 앞면
장식 파트 재료,
다는 위치 옷본▶P.54

플리츠 스커트 만드는 법

1 마분지로 옷본을 만든다. 접음선의 표시를 베낀다

2 천에 옷본을 베낀다

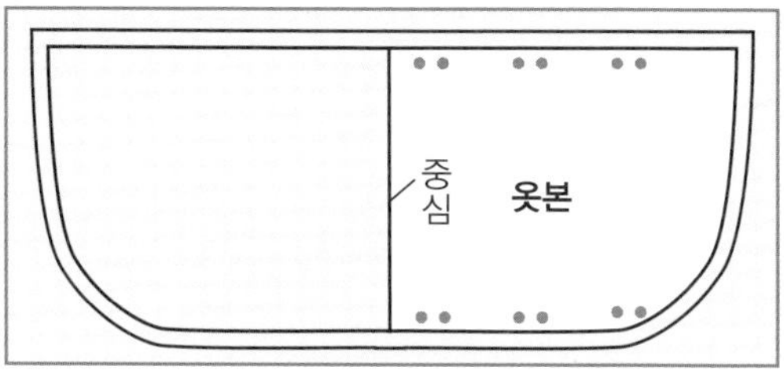

3 옷본을 놓고 시접을 접어 박음질한다

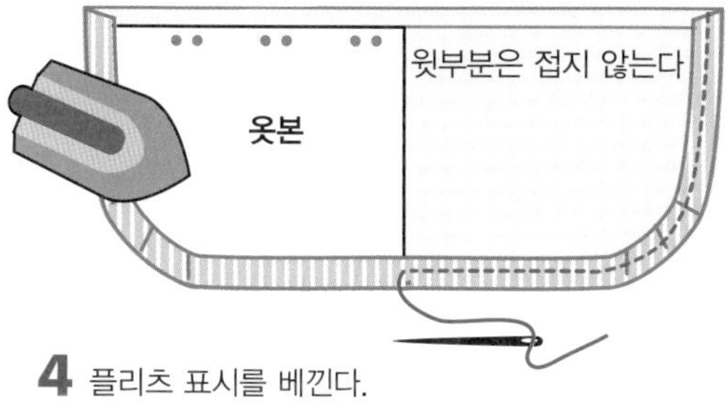

4 플리츠 표시를 베낀다.
테이프 위치에 선을 그려 테이프를 붙인다

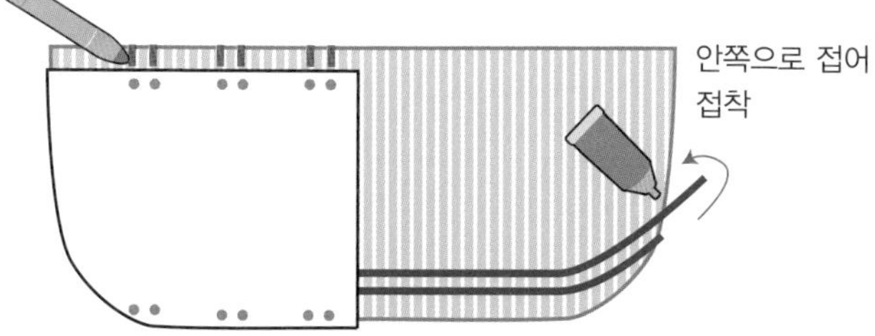

5 산, 계곡 접기를 하여 플리츠를 만든다

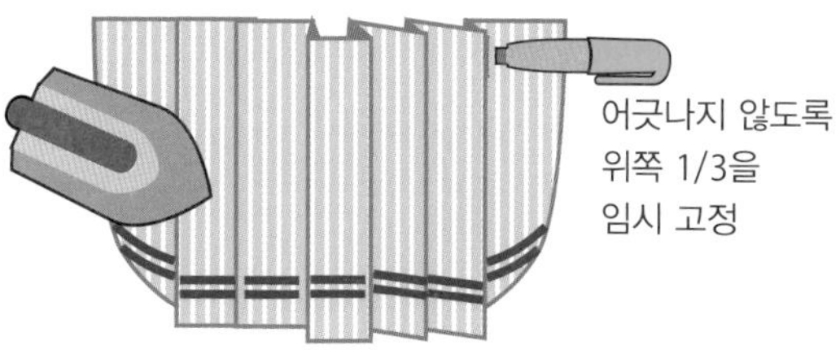

6 위쪽 1/3의 접은 선 가장자리를 박음질한다

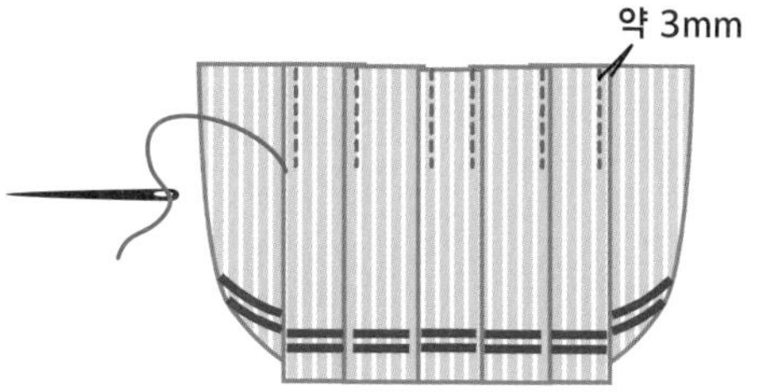

7 몸판의 스커트 위치에 끼워 넣어 박음질한다

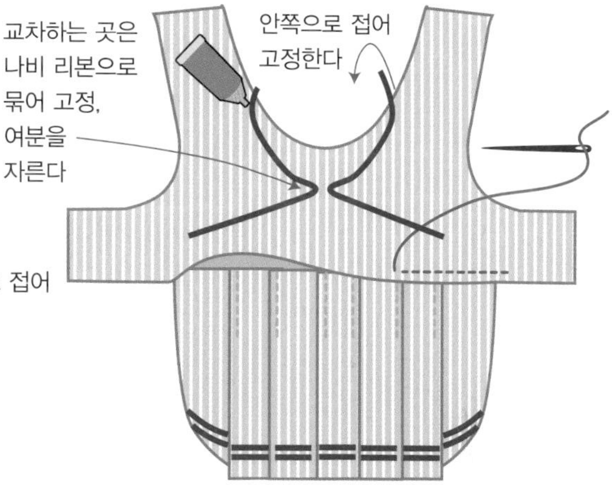

4 April

칼라가 포인트! 봄 드레스

기본 드레스에 칼라를 달아
한껏 멋을 냈다

dress P.10 A

본체 소재 : 면・스트라이프
칼라 옷본▶부록 뒷면
칼라 재료▶P.56

dress P.10 A

본체 소재 : 면・무지
칼라와 장식 파트 옷본, 재료,
만드는 법▶P.58

칼라는 펠트를 2장 겹쳤다.
몸판에 다는 법은 같다

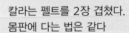

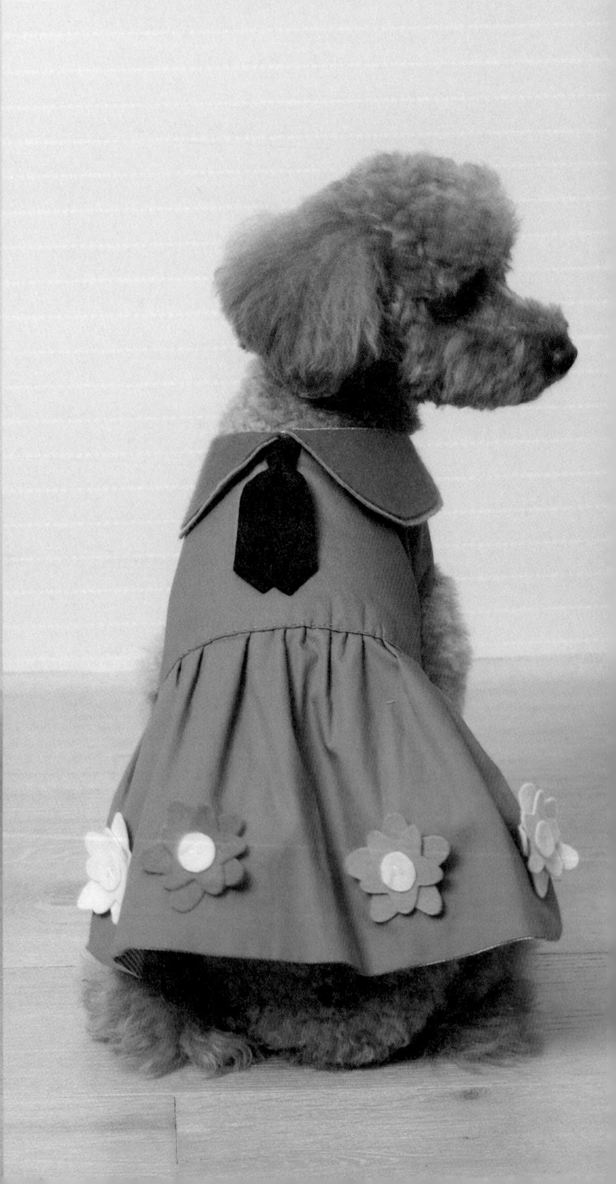

칼라를 만든다

1 겉감을 시접을 넣어 자른다

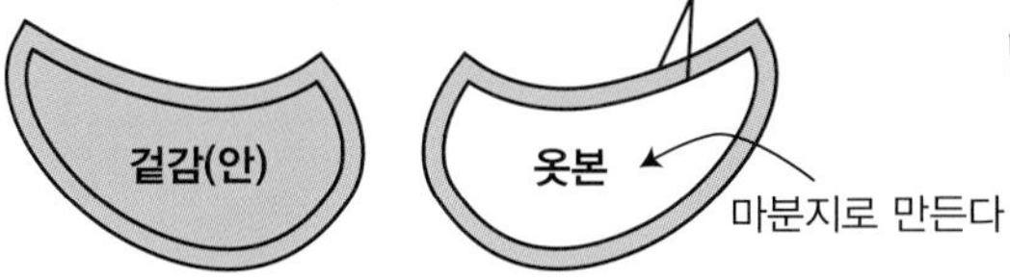

2 시접에 풀을 발라 안쪽으로 뒤집어 안감에 붙인다

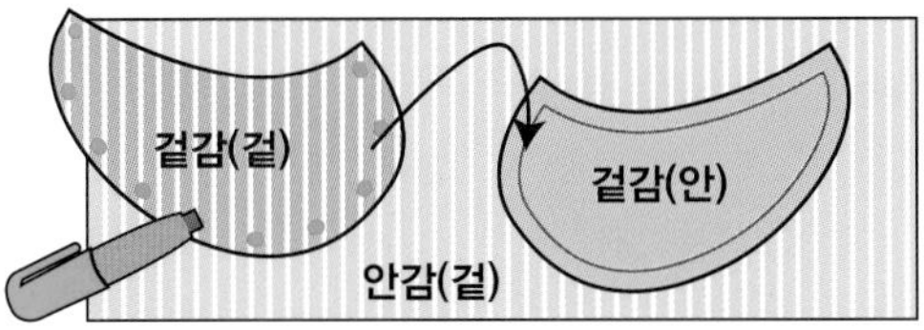

3 안감을 겉감에 맞추어 자른다. 박음질한다

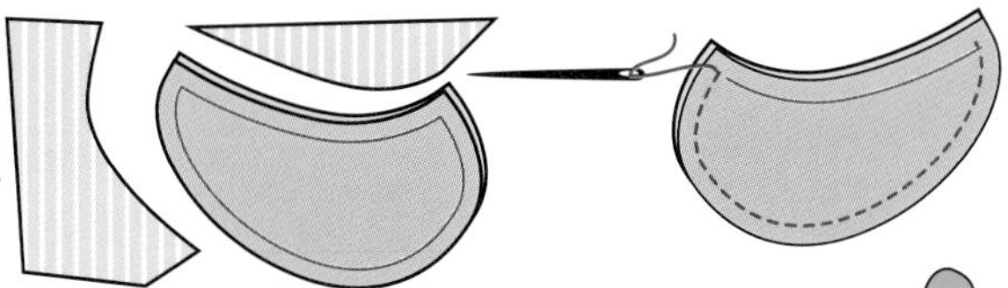

4 옷본에 맞추어 시접을 접고 겉으로 뒤집는다

칼라를 몸판에 끼워 박음질한다

1 몸판의 겉감을 시접을 넣어 자른다

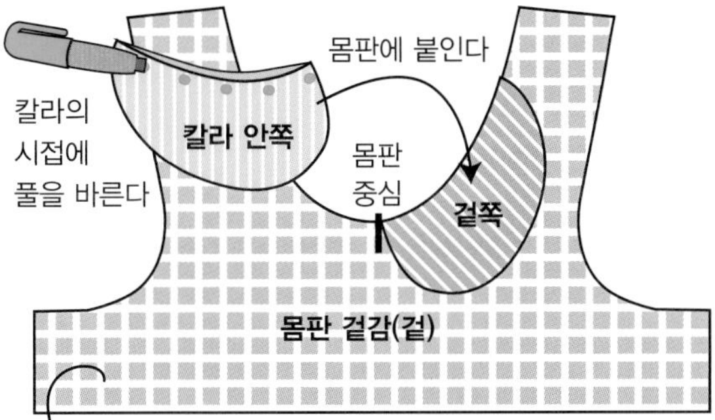

2 안쪽으로 뒤집어 칼라가 비뚤지 않게 주의하며
안감에 시침핀으로 고정한다

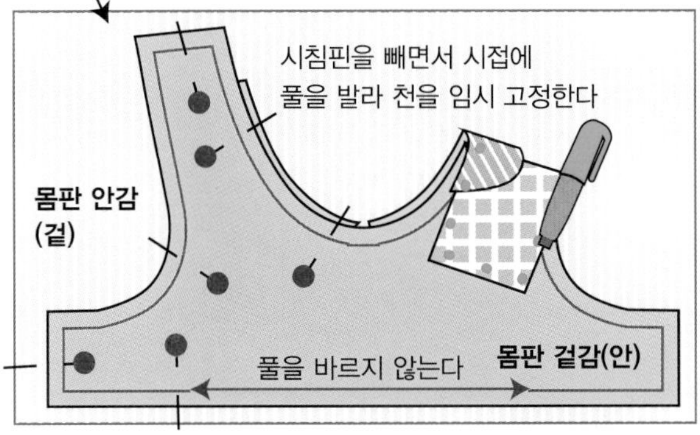

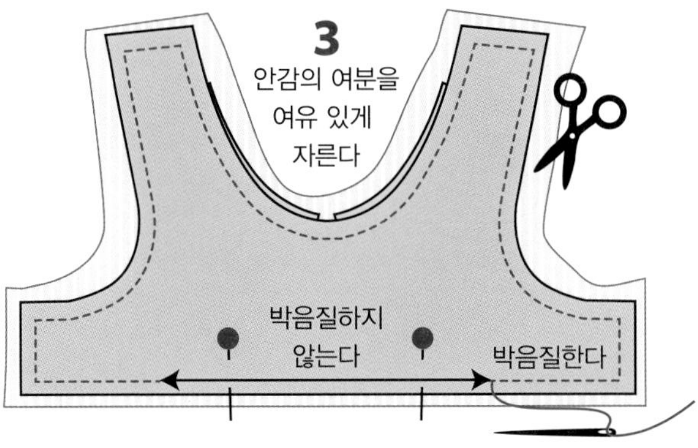

4 안감을 겉감에 맞추어 자른다

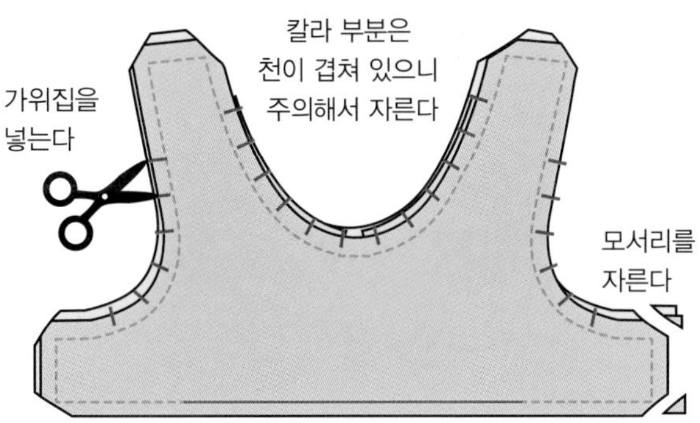

5 옷본을 놓고 시접을 접는다

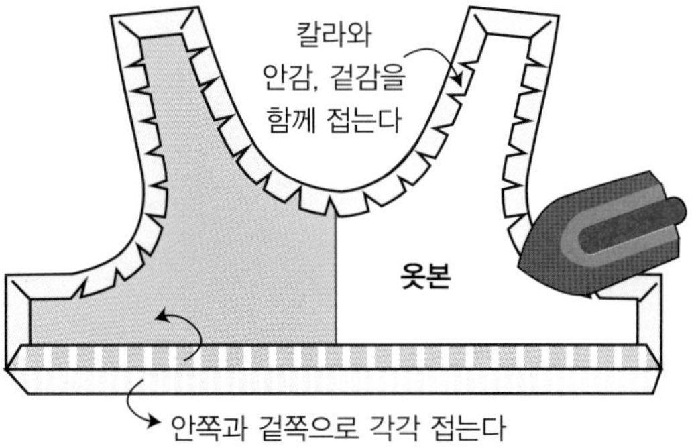

6 겉으로 뒤집는다. 칼라 달린 몸판 완성.
스커트는 기본 공정과 같은 방법으로 만들어 고정한다

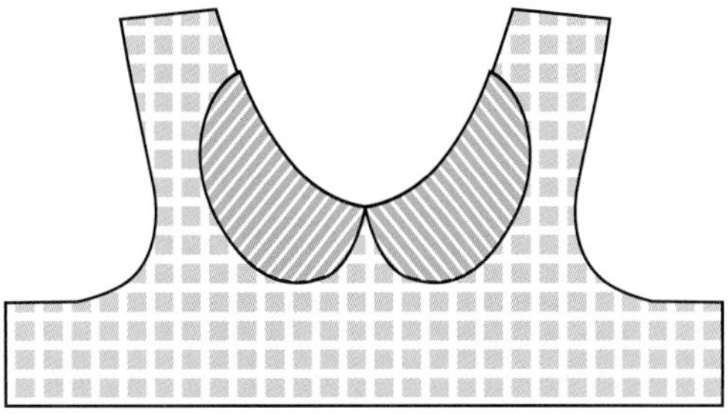

5 May 고무줄 드레스

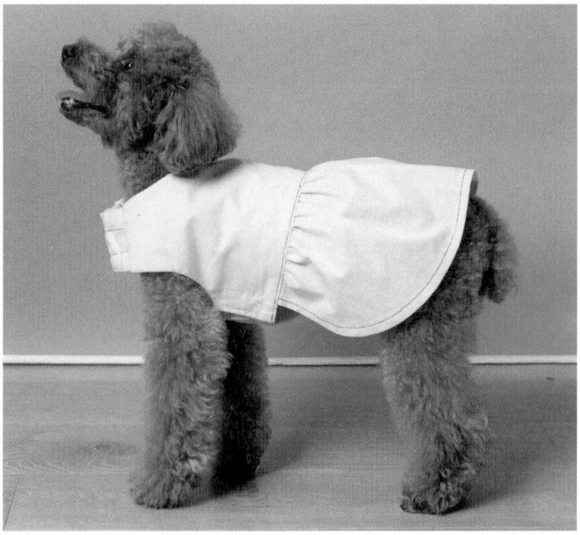

A 드레스의 목·가슴에 고무줄 벨트를 달았다.
조금은 손이 가지만 고무줄이 있어 피트감이 좋다.
어떤 드레스든 옷본이 달라도 만드는 법은 같다
다른 드레스를 고무줄로 할 경우 ▶ **B** P.29 **C** P.33

본체 소재 : 면·무지
고무줄 벨트 옷본·재료,
C 드레스의 허리용 고무줄 벨트 만드는 법
▶ P.60~65

본체 만드는 법

1 몸판 옷본을 고무줄 벨트선에서 자른다.
★ 옷본의 목·가슴은 강아지 사이즈로 수정하지 않는다
(사이즈 조절은 고무줄 벨트로 한다).
벨크로 테이프의
겹침 분량은 더하지 않는다.
스커트는 옷본 그대로 사용한다

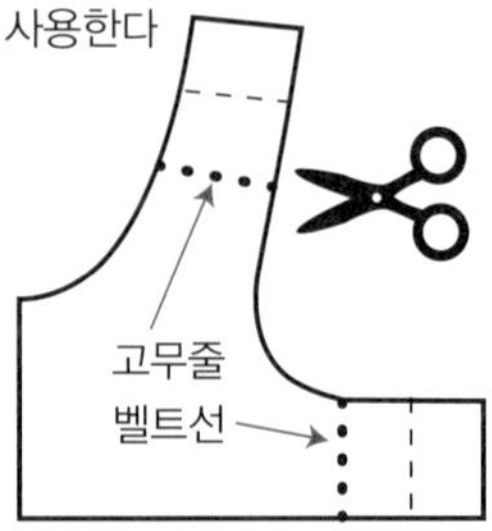

2 본체를 만든다 ▶ P.10

고무줄 벨트 만드는 법

1 고무줄 벨트의 천을 시접을 넣어 자른다.
한쪽 시접을 안쪽으로 접는다

무늬에 위아래가
있는 경우
옷본을 확인해서
접는다

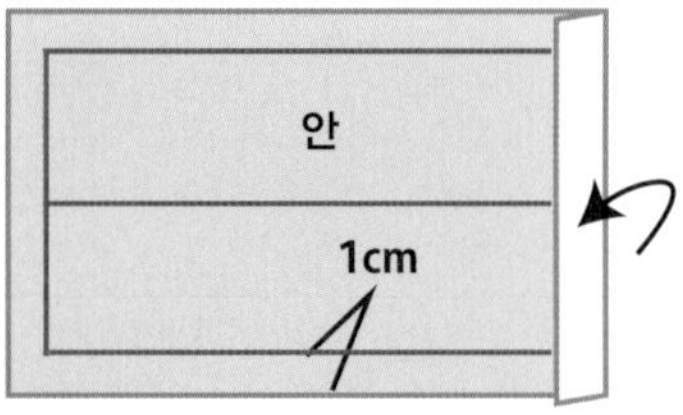

2 반으로 접어 박음질한다

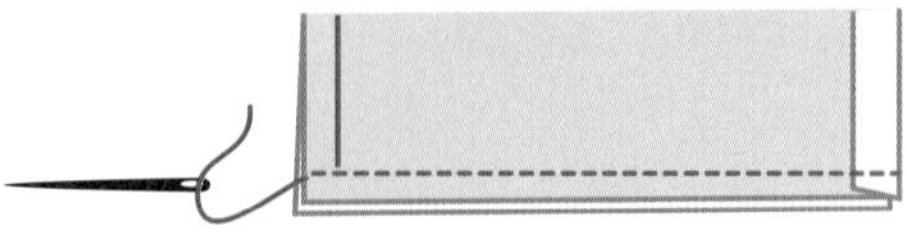

3 겉으로 뒤집어 다림질한 뒤
옷본의 표시 선을 베껴 박음질한다

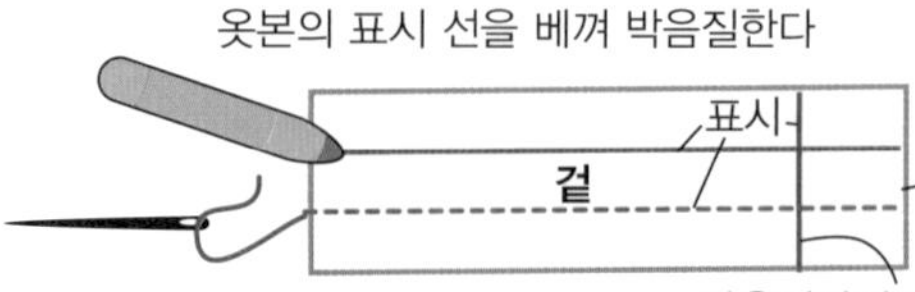

4 고무줄을 고무줄 끼우개로 끼운다

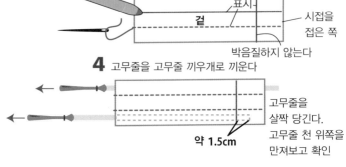

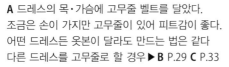

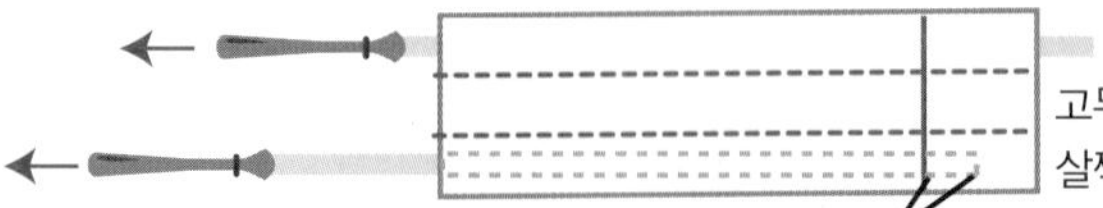

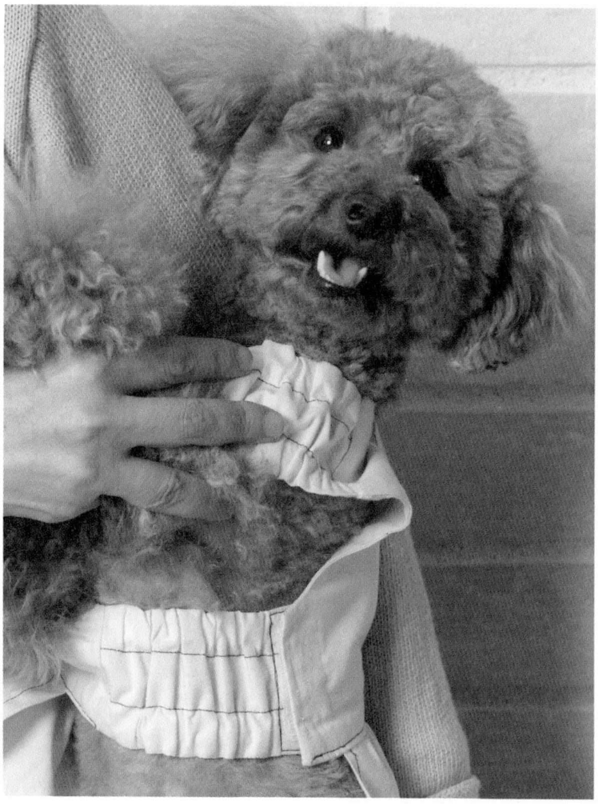

5 고무줄이 어긋나지 않게 시침핀으로 고정하여
단단히 박음질한다

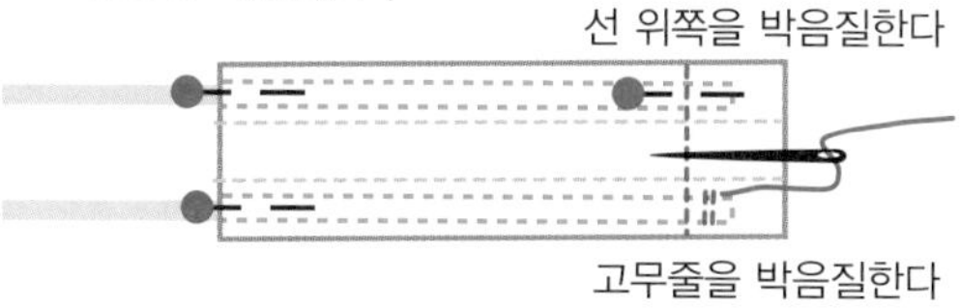

6 벨크로 테이프를 단다

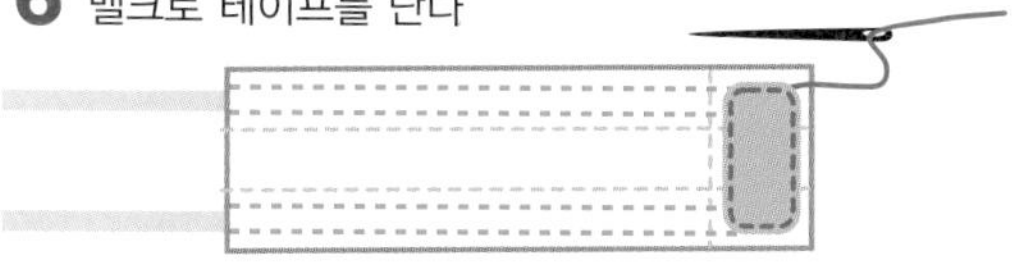

7 천에 개더를 잡아 지정 사이즈로 한다

허리용 벨트

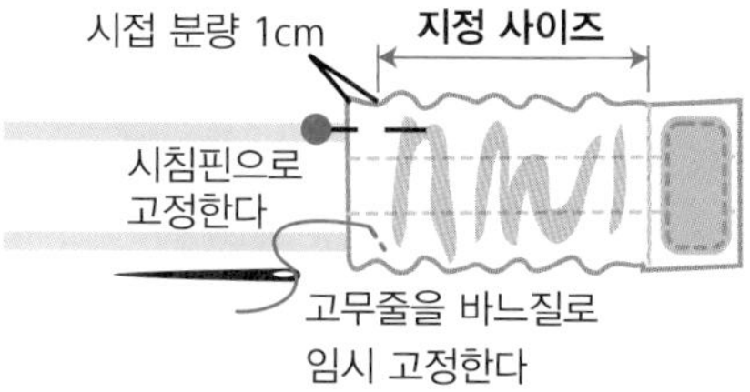

목용 벨트

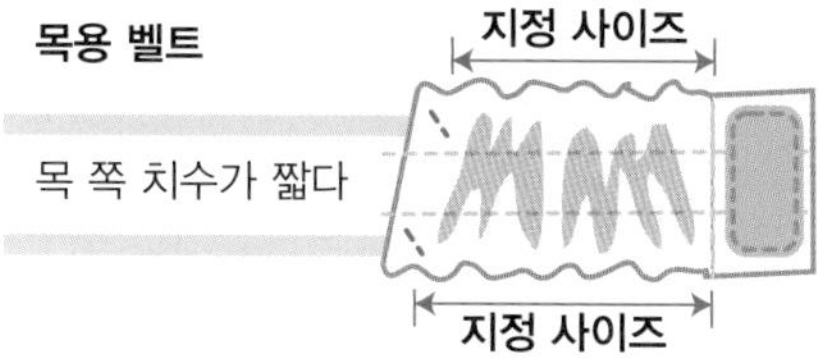

고무줄 벨트 다는 법

8 본체 안쪽에 벨트를 임시 고정한다.
본체에 벨크로
테이프를 단다

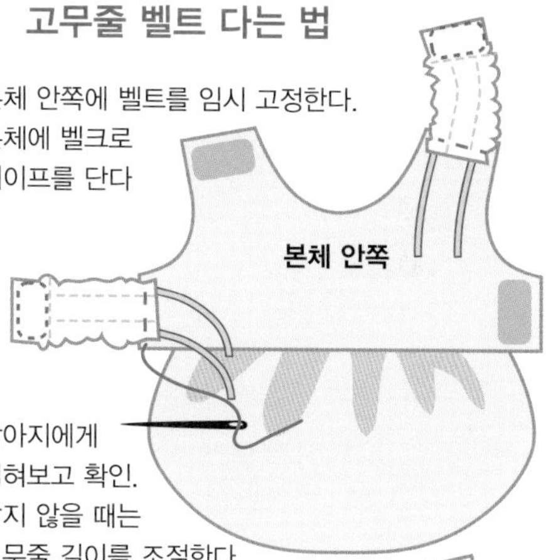

강아지에게
입혀보고 확인.
맞지 않을 때는
고무줄 길이를 조절한다

9 벨트를 단다.
고무줄 위쪽은 왕복하여
단단히 박음질한다.
고무줄을 잘라 천 끝을
감침질한다

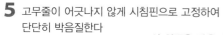

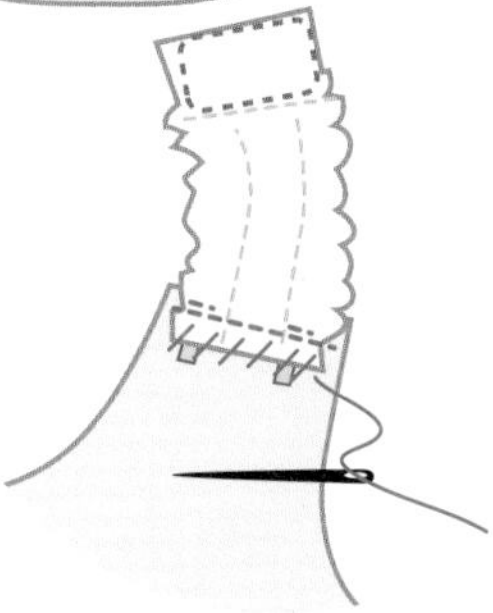

사이즈 조절 P.06의 '변경 사이즈'로 가감한다

통통한 강아지의 경우 **지정 사이즈**에 '변경 사이즈'를 더한다

날씬한 강아지의 경우 **지정 사이즈**에서 '변경 사이즈'를 뺀다

6 June 레이스를 사용한 파티 드레스

웨딩이나 파티를 위한 강아지 옷.
'오늘은 좀 특별하니까요.'
레이스는 분위기와 어울리는 것을 고르자.
폭이나 필요량은 표준이다

여자아이 옷

본체 소재 : 폴리에스테르 · 태피터(호박단)
장식 파트 재료 ▶ P.57

남자아이 옷

본체 소재 : 폴리에스테르 · 태피터
장식 파트 재료, 넥타이 옷본 · 만드는 법 ▶ P.57

장식 파트를 단다

레이스는 본체에 풀로
임시 고정한 뒤
단단히 고정한다.
레이스의 양 끝 처리는
레이스 **a**·**c**, 1cm 안쪽으로 접는다.
레이스 **b**, 풀리지 않도록
접착제를 바른다

dress P.16 **C** 쇼트 기장

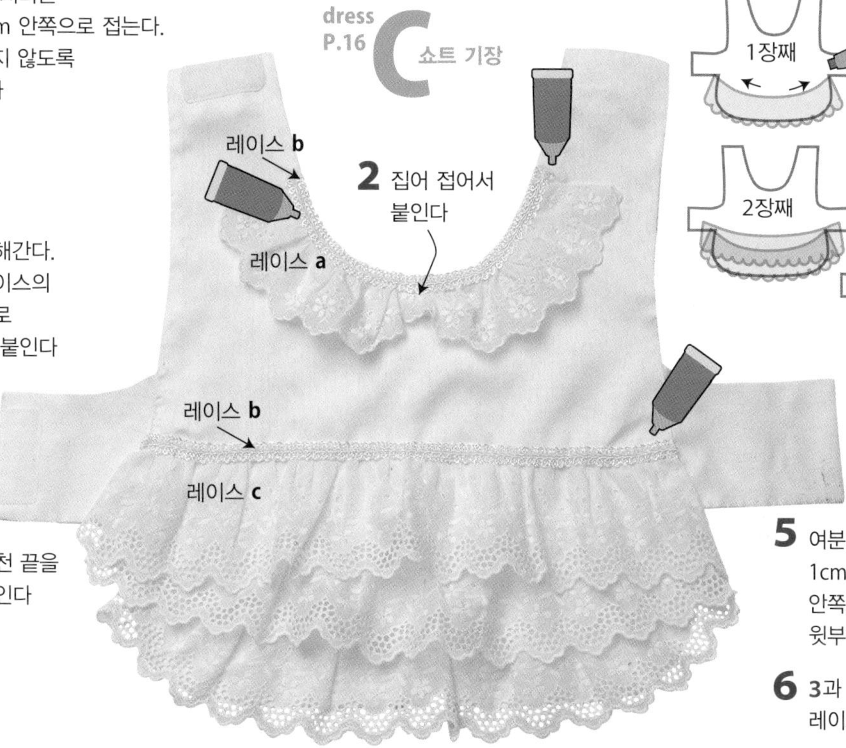

1 레이스 **a**를
목 중심부터
임시로 고정해간다.
접착제를 레이스의
목 아래쪽으로
소량씩 발라 붙인다

2 집어 접어서
붙인다

3 레이스 **b**는
레이스 **a**의 천 끝을
숨기듯이 붙인다

4 레이스 **c**를 3등분한다.
순서대로 임시 고정한다.
중심부터 양 끝 쪽으로 고정해간다

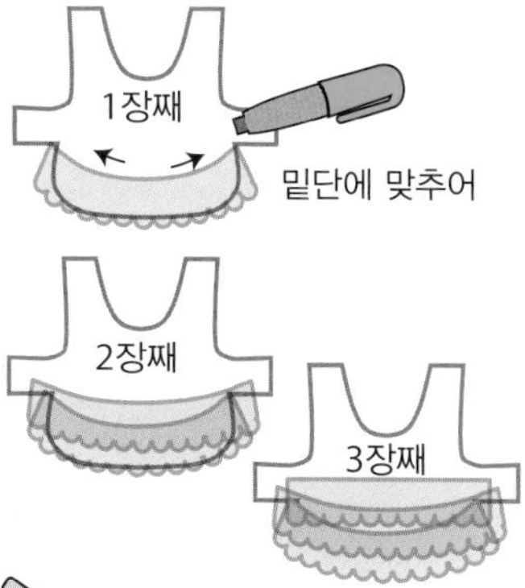

5 여분의 레이스를
1cm 남기고 자른다.
안쪽으로 접어 붙인다.
윗부분을 붙인다

6 3과 같은 방법으로
레이스 **b**를 붙인다

dress P.16 **C** 쇼트 기장

1 레이스를 몸판에 임시 고정한다.
목의 중심에서 각각
M 12 ／ **S** 10 ／ **SS** 9cm

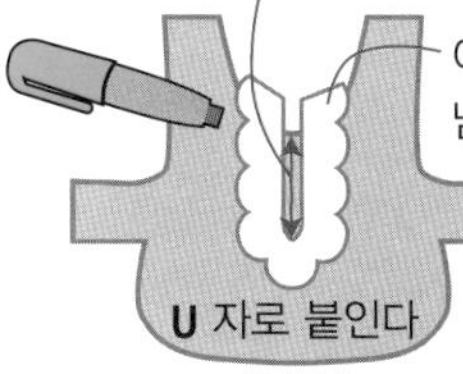

2 앞단용 리본의
아래쪽 끝을 1cm 접어
레이스 위에 붙인다

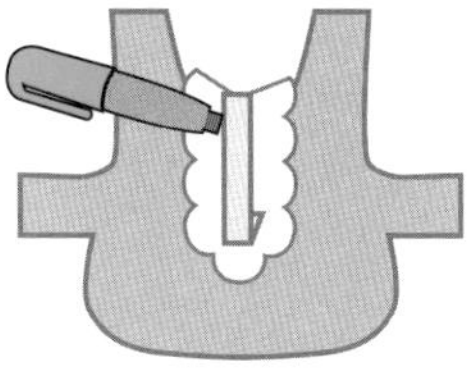

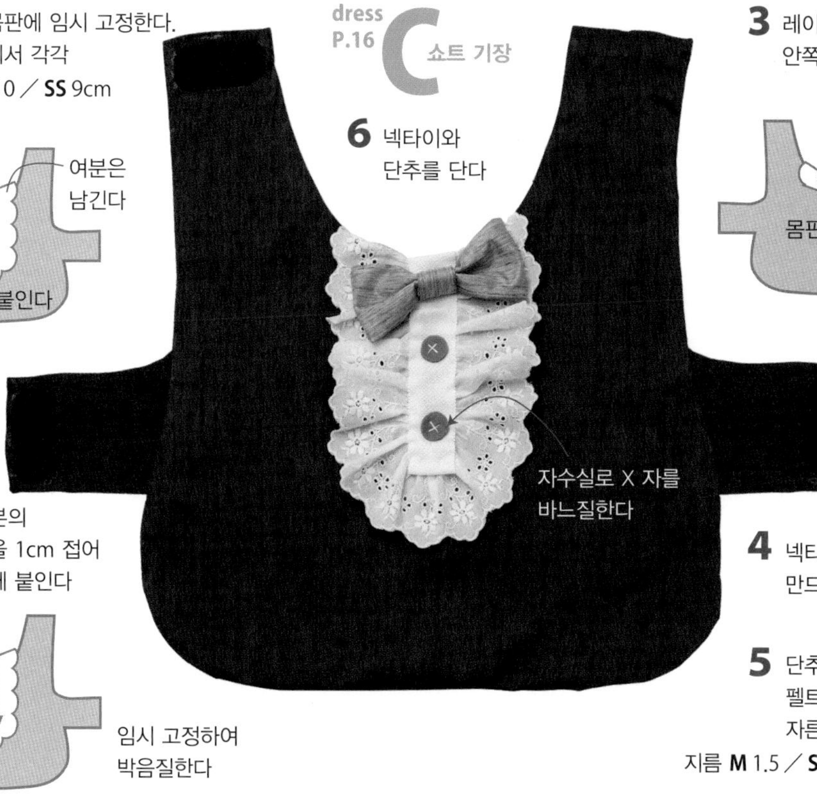

6 넥타이와
단추를 단다

3 레이스와 리본을
안쪽으로 접어 붙인다

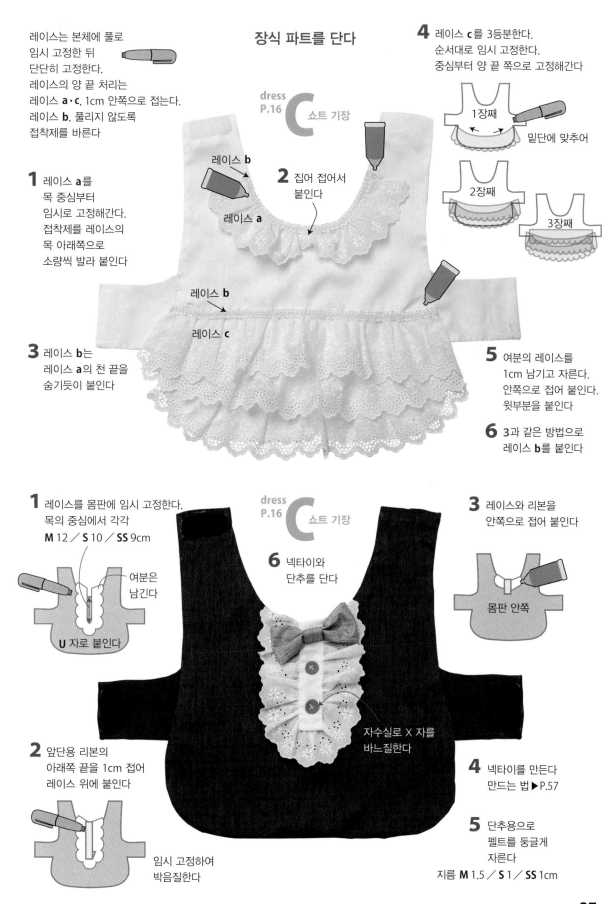

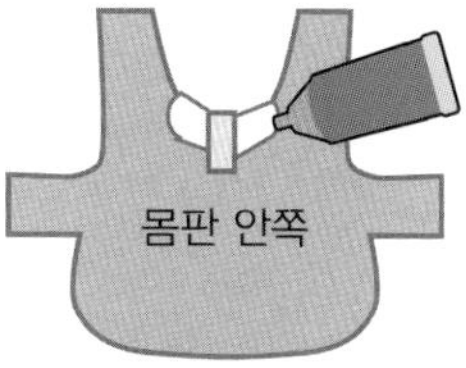

4 넥타이를 만든다
만드는 법▶P.57

5 단추용으로
펠트를 둥글게
자른다
지름 **M** 1.5 ／ **S** 1 ／ **SS** 1cm

7 July

dress
P.10
A

집에서는 에이프런 드레스

에이프런 드레스로 메이드 기분을 내보았다. 강아지도 집안일을 돕겠다고 나서지 않을까?
그러니 오늘은 '부탁드려요! 어지르지 말아주세요.'

본체 소재 : 면・스트라이프
에이프런 옷본 ▶ 부록 앞면
에이프런・레이스 재료 ▶ P.54

에이프런 만드는 법

에이프런 천을 시접을 넣어 자른다.
시접을 접어 박음질한다

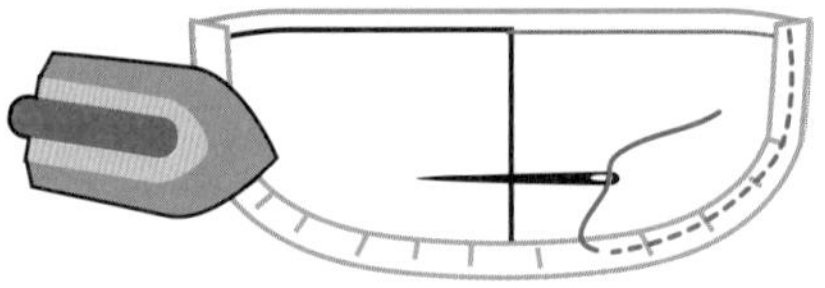

에이프런 다는 법

1 **A** 드레스의 몸판과 스커트를 만들어
스커트에 에이프런을 놓고
완성선 조금 위쪽을 성기게 바느질한다.

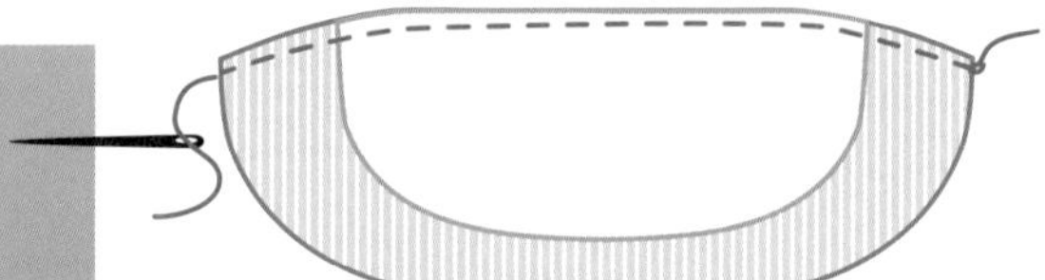

2 개더를 잡아 몸판에 끼워 넣는다

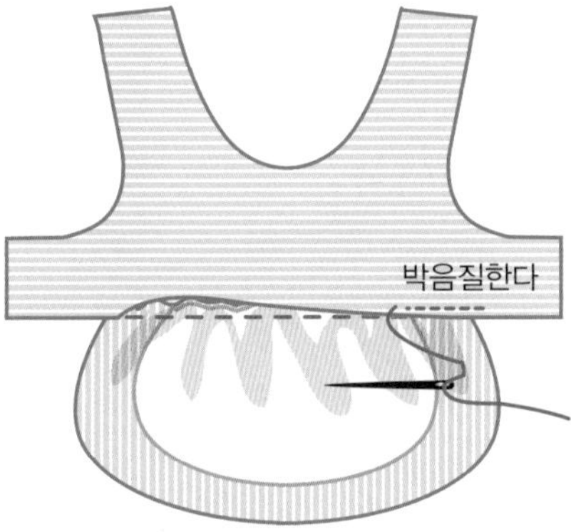

3 레이스를 단다

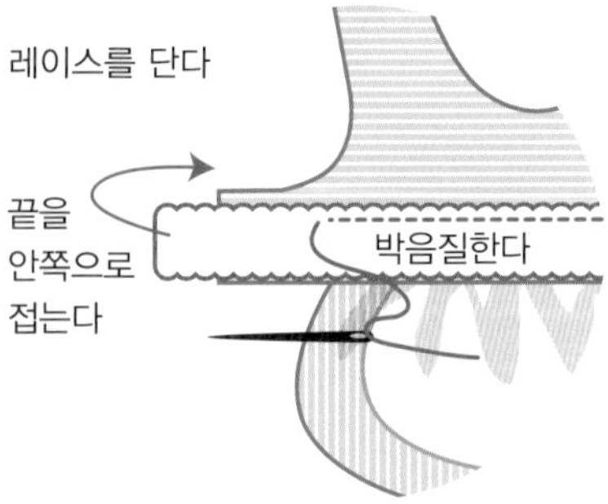

본체 소재 : 면·프린트와 무지
에이프런 옷본▶부록 앞면
에이프런 재료▶P.54
고무줄 벨트 옷본·재료▶P.60~65
고무줄 벨트 만드는 법▶P.24

고무줄 벨트의 본체

등판에 어깨끈을 단다.
어깨끈은 좌우 모두 짧은 쪽(어깨끈 **b**)을 단다

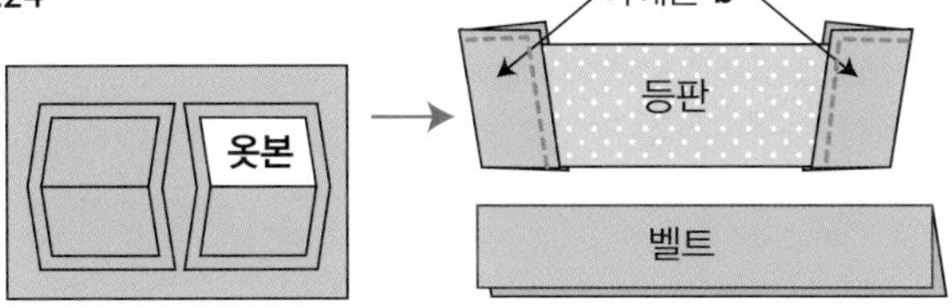

방향이 있는 무늬의 경우 어깨끈 **b**는 좌우대칭으로 천을 자른다

벨트 옷본을 고무줄 벨트선에서 자른다. 천을 잘라 벨트를 접는다

에이프런 다는 법

왼쪽 페이지와 같은 방법으로 에이프런을 만들고 벨트 사이에 에이프런과 스커트를 겹쳐 끼워 넣어 박음질한다

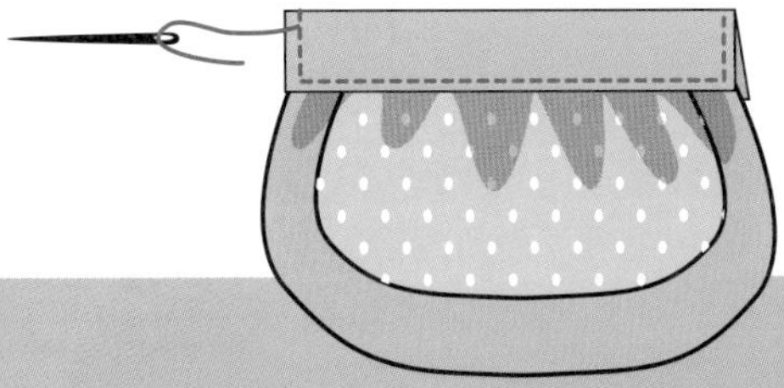

고무줄 벨트 다는 법

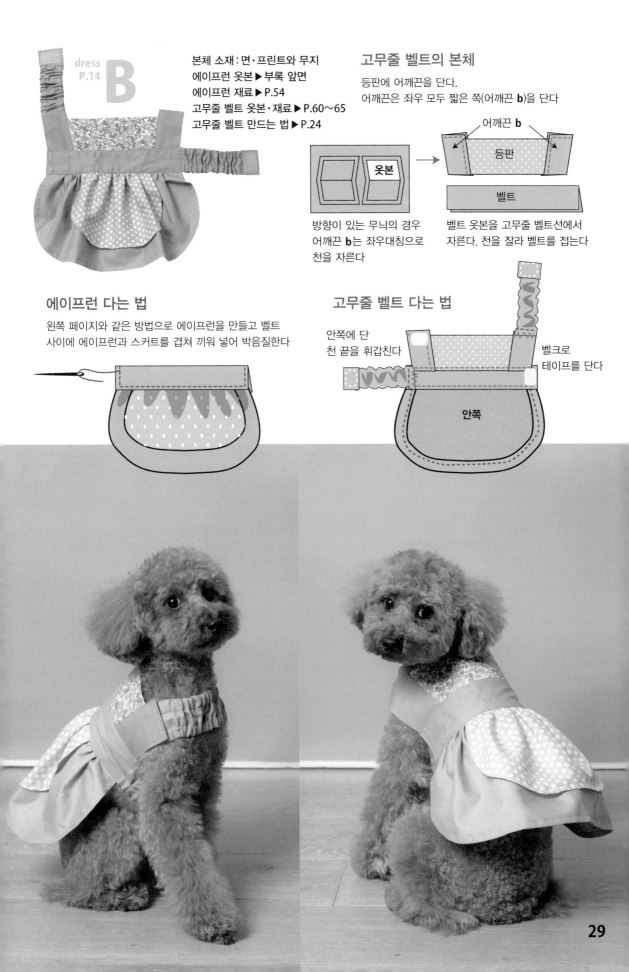

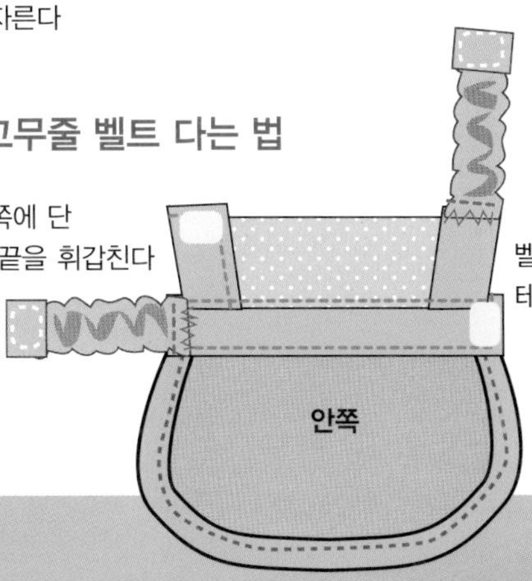

8 August

여러 가지 목줄 장식

한여름에는 목줄 장식으로 시원하게 드레스 코디.
'많으니까 뭘 할지 고민돼요.'

넥타이 칼라

옷본·재료 ▶ P.66

1 시접을 넣어 겉감을 자른다

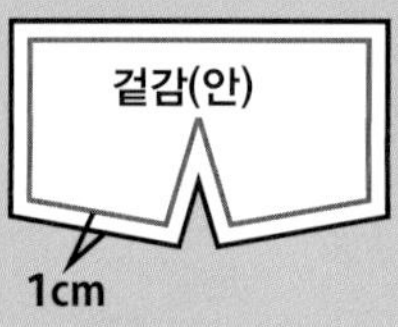

2 안감에 놓는다. 시접을 임시 고정

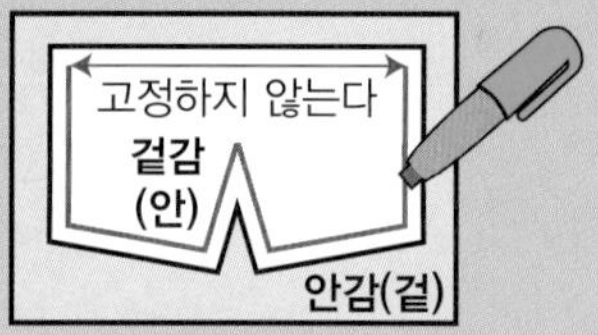

3 겉감에 맞추어 잘라 박음질한다

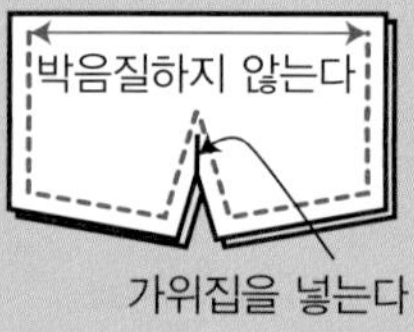

4 겉으로 뒤집는다. 표시하여 접는다

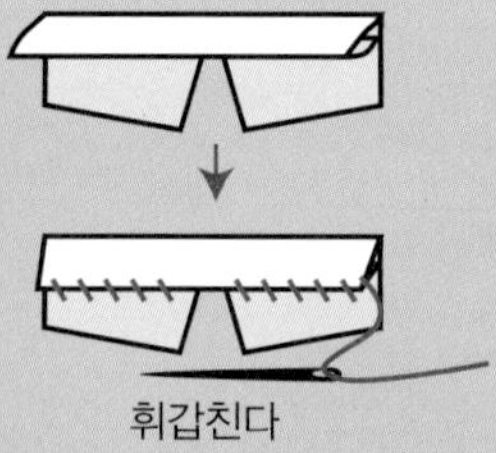

5 넥타이를 고정한다

프릴 장식

옷본·재료 ▶ P.67

1 손수건을 자른다

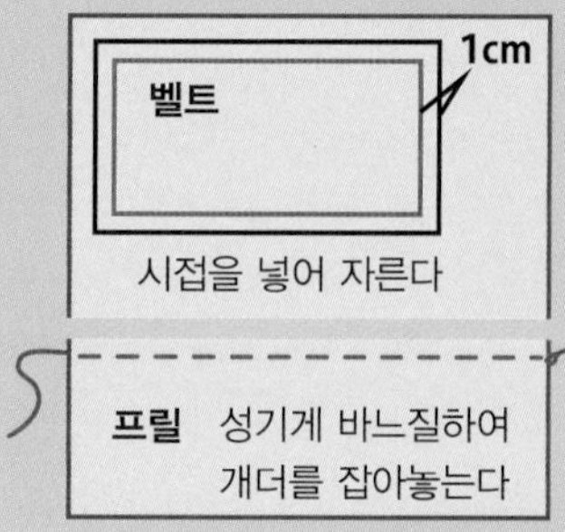

2 맞춰 박음질한다

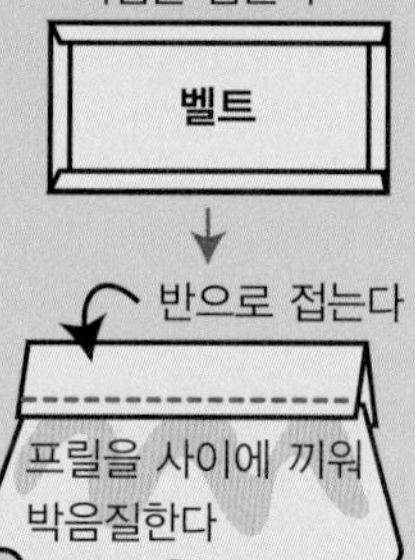

삼각 장식 옷본·재료·만드는 법 ▶ P.66

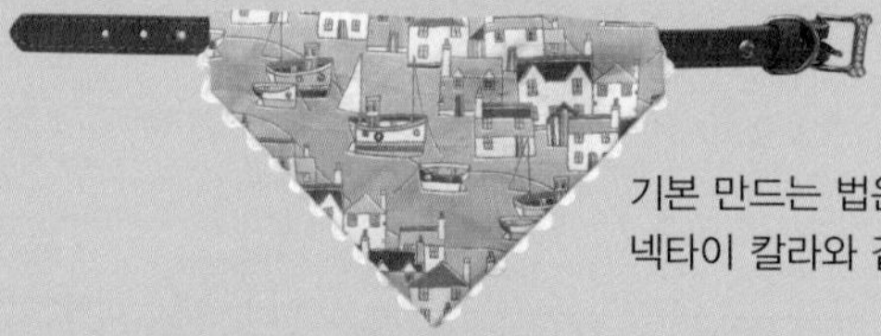

기본 만드는 법은 넥타이 칼라와 같다

목에 묶는 타입

옷본·재료▶P.67

자수 파트를 단다

★아래 사진 맨 오른쪽은
레이스 대신 리크랙 테이프
(지그재그로 된 장식용
납작한 끈)를 달았다

★옷본은
다르지만
만드는 법은
둥근 칼라와 같다

레이스 칼라

1 시접을 넣어
겉감을
자른다

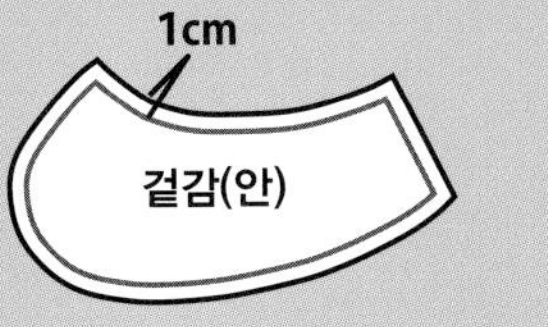

2 안감에
놓는다.
시접을
임시 고정

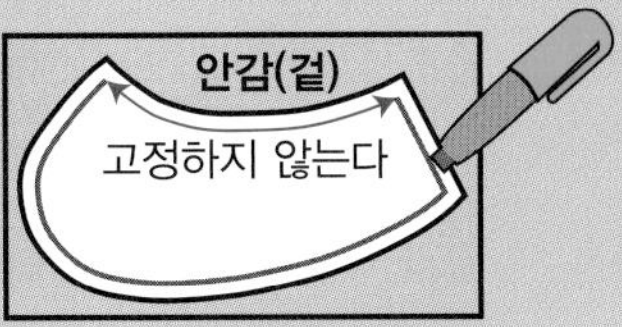

3 겉감에
맞추어 잘라
박음질한다

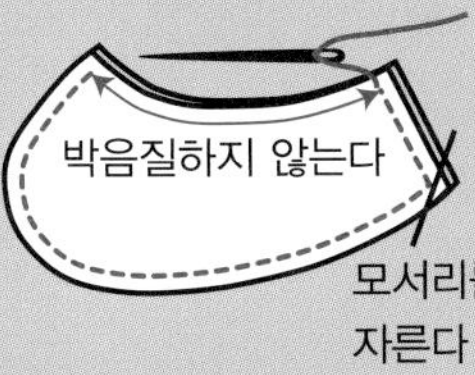

4 겉으로 뒤집는다.
칼라가 돌아가지 않게
무게중심으로
펠트를 끼워 넣고
입구를 임시 고정

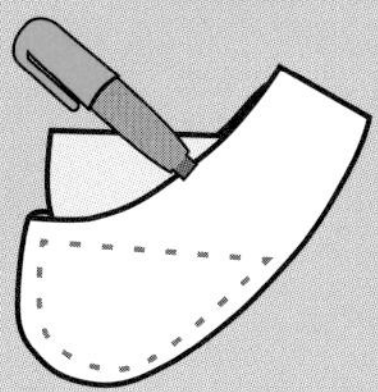

5 레이스나 테이프의 가장자리는
안쪽에 붙인다

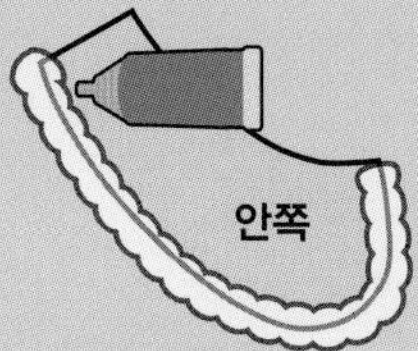

6 리본을 단다

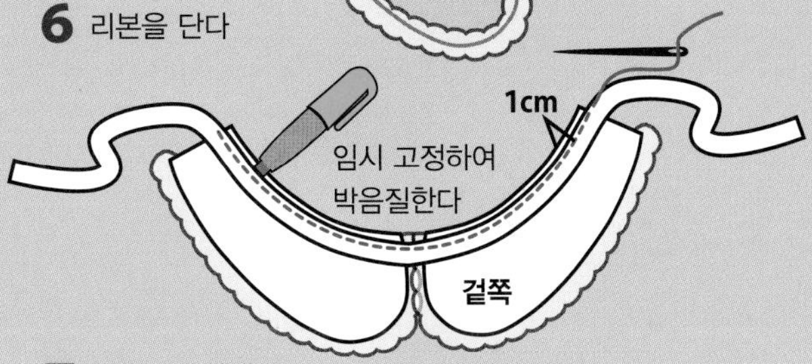

7 칼라에 가위집을 넣고 리본을 덮어씌우듯이
안쪽으로 접는다

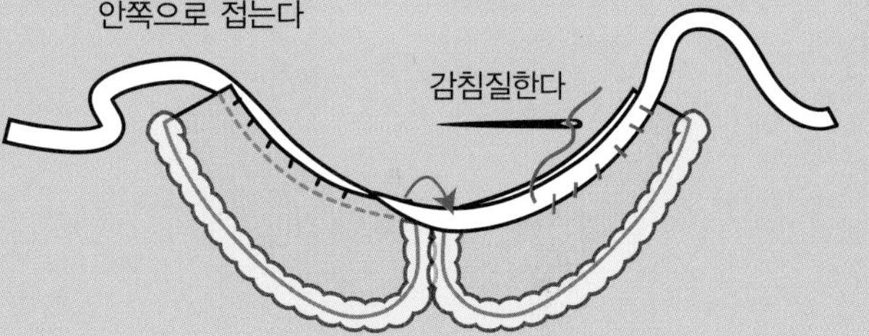

9 September

토핑으로 장식한 드레스

멋진 레이스를 많이 달고, 프린트 천에 있는
귀여운 무늬를 오려내 아플리케

본체 소재 : 폴리에스테르·새틴
장식 파트 재료 ▶ P.56

1 레이스를 안쪽으로 뒤집어 가장자리를 임시 고정

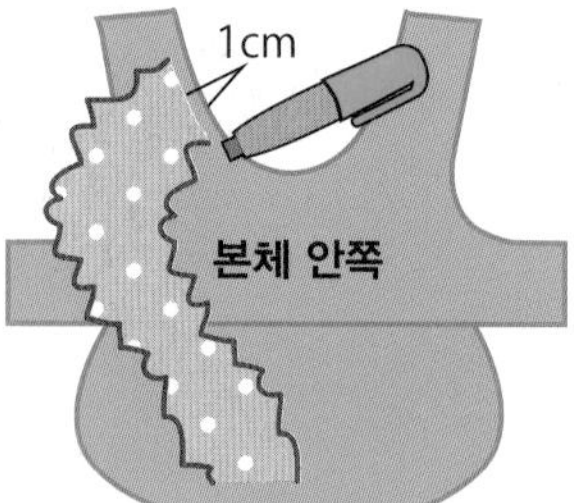

2 개더를 잡으면서 붙여나간다. 레이스의 가장자리를 붙인다

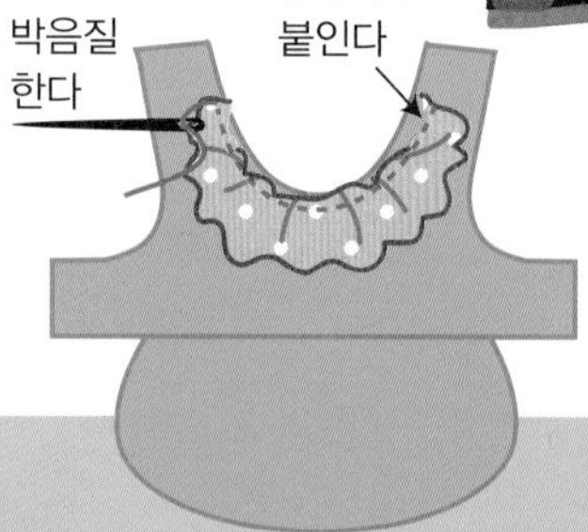

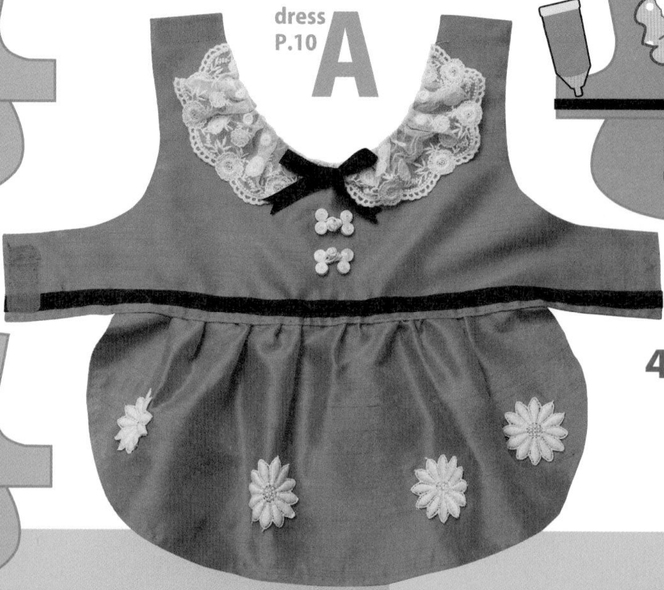

3 레이스를 겉쪽으로 되접는다

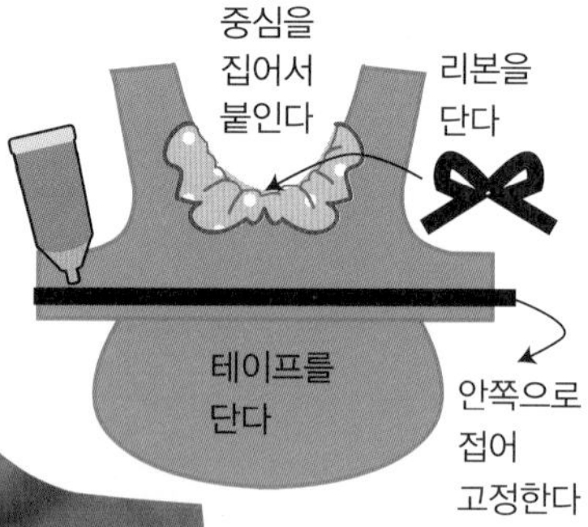

4 다른 장식 파트를 단다

2 작품 모두 프린트 천의 무늬를 오려내 아플리케

dress P.16 **C** 롱 기장

본체 소재 : 면·무지
부속 재료 : 프린트 천 소량
고무줄 벨트 옷본·재료·
만드는 법 ▶ P.60~65

고무줄 벨트
유형이다

dress P.10 **A**

본체 소재 : 면·무지와 프린트
아플리케는 스커트와
같은 천

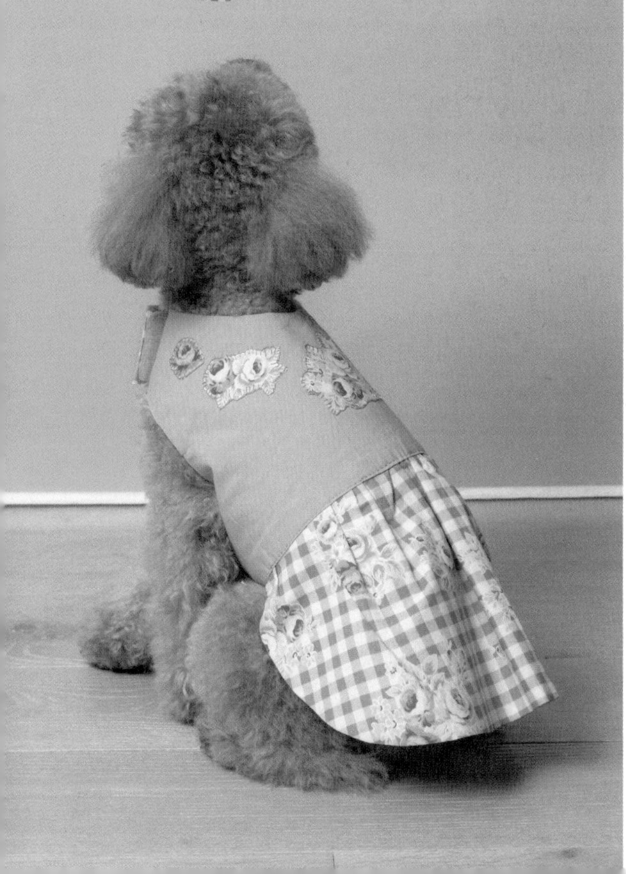

C 드레스의 고무줄 벨트 다는 법

본체는 옷본을
고무줄 벨트선에서
잘라 만든다 ▶ P.24

아플리케 방법

1 천의 안쪽에 양면 접착심지를 놓는다.
박리지 위에서 다림질한다

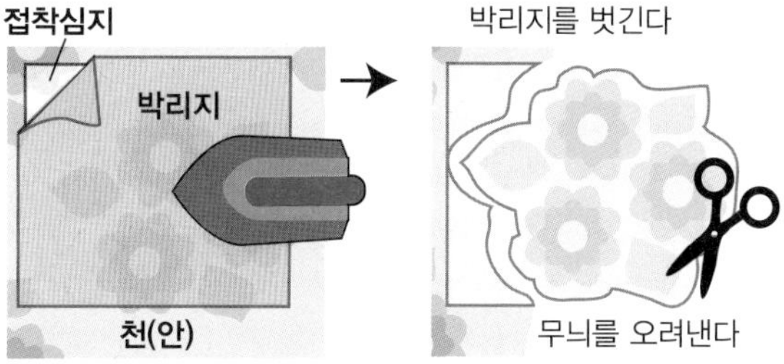

2 본체에 배치

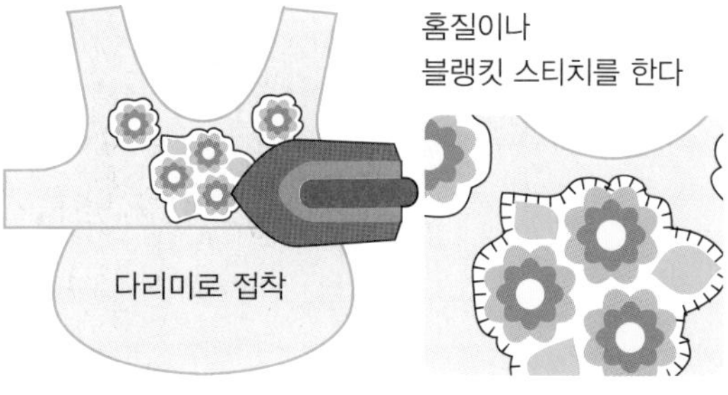

9 September

dress
P.10 **A**

호박 스커트

A 드레스를 호박 스커트 타입으로 완성했다.
밑단을 드문드문 바느질해 조이면 된다.
그래도 모양은 Good!!!
다리가 짧은 강아지도 오줌 눌 때 안심이 된다.
다른 드레스도 이렇게 호박 스커트 타입으로
만들어보자

오른쪽·왼쪽 페이지의 드레스 모두
본체 소재 : 폴리에스테르·태피터
장식 파트 재료▶P.56

리본을 단다

티롤리안 테이프*를
단다.
테이프의 끝을 접어
안쪽에 고정한다

*티롤리안 테이프 :
오스트리아 티롤 지방의
민족풍 자수를 놓은
장식 테이프

호박 스커트로 한다

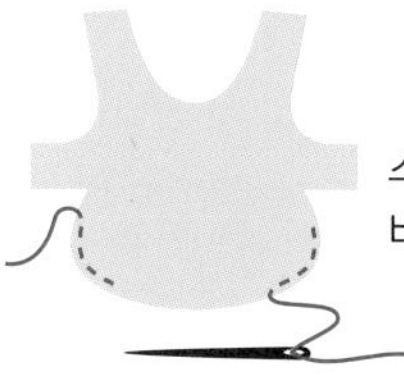

스커트의 가장자리를 성기게
바느질하여 실을 조인다

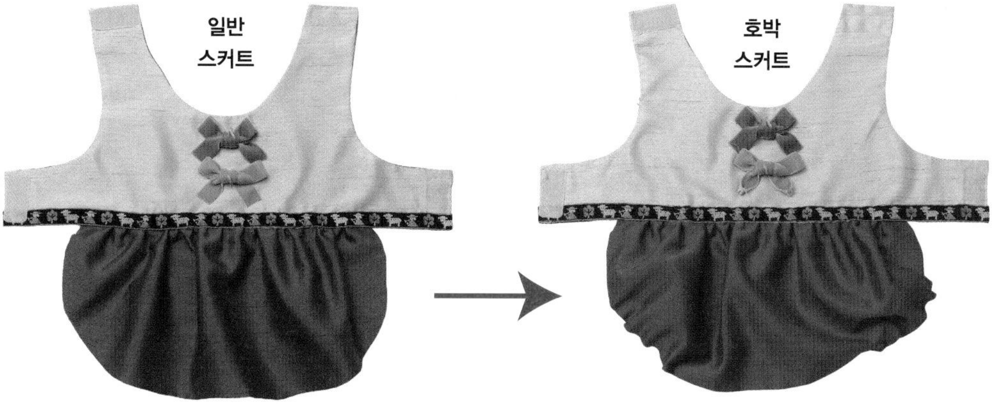

개더 리본과
레이스 파트를 단다.
테이프의 가장자리는
풀리지 않게
접어서 고정한다

10 October

펠트 드레스

간단하게 만들 수 있는 펠트 드레스

버섯 쇼트 코트

본체를 만든다

1 옷본을 베껴 천을 자른다

2 안감을 겹쳐 임시 고정하고
걷감에 맞추어 자른다

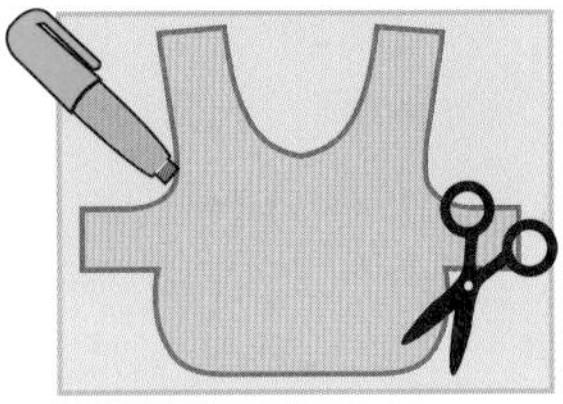

3 가장자리를 블랭킷
스티치 한다.
벨크로 테이프를 단다

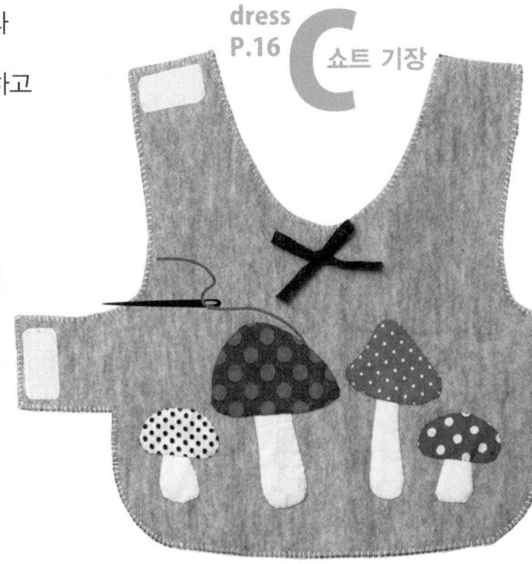

본체 소재 : 펠트
장식 파트 재료·옷본 ▶ P.68

아플리케 한다

1 접착심지에 옷본을 베껴 자른다

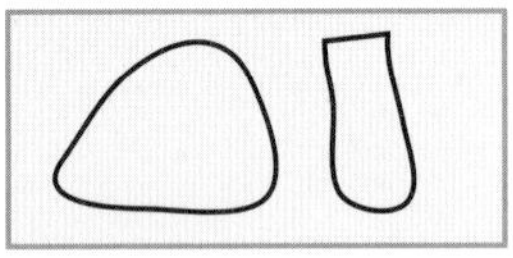

2 천의 안쪽에 다리미로 붙인다

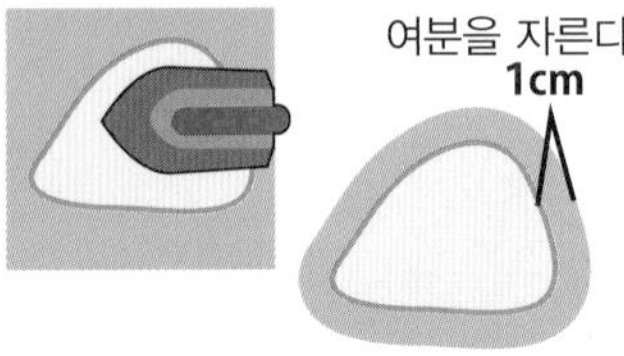

3 시접을 접어 조합하여 붙인다

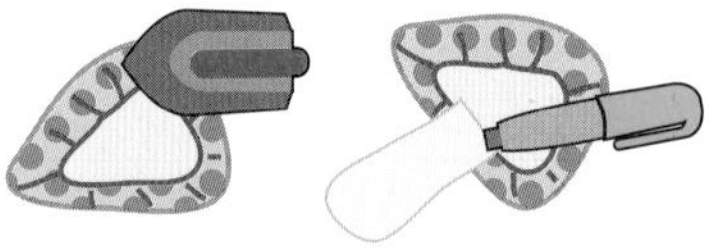

4 아플리케를 본체에 단다

핼러윈 드레스

본체 소재 : 펠트
스커트 옷본 ▶ 부록 앞면 A 스커트
케이프 옷본 ▶ P.75
기타 옷본·재료 ▶ P.72

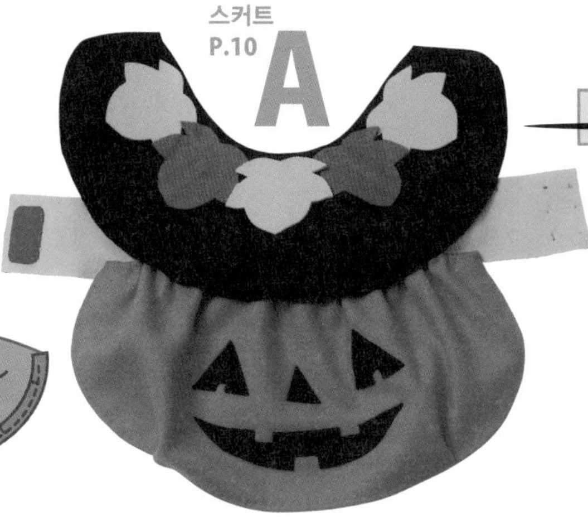

1 옷본을 베껴 천을 자른다

2 아플리케는
한쪽 면 접착심지에 옷본을 베껴
다리미로 붙이고 자른다

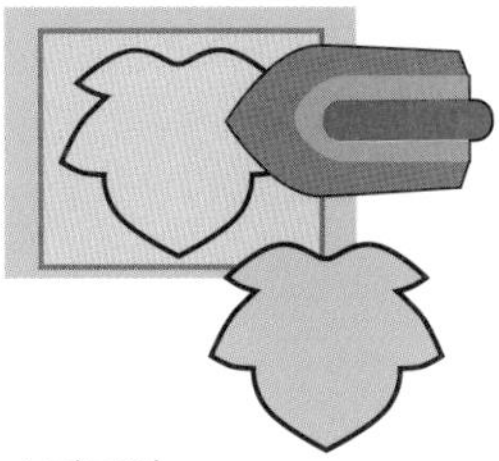

3 스커트의
시접을 접어 박음질한다

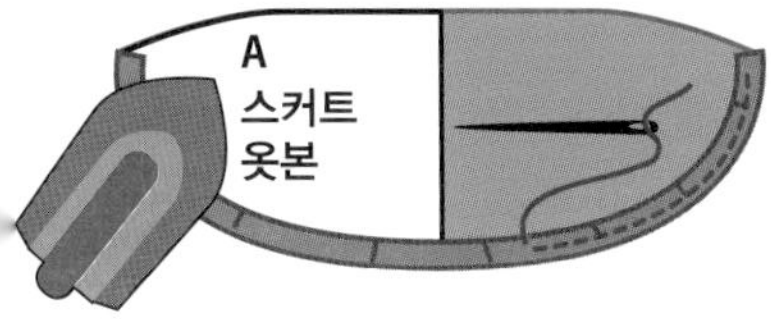

4 아플리케를 배치하여 고정한다

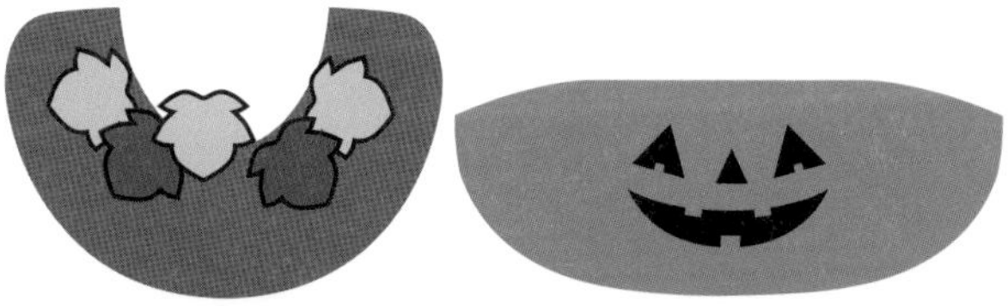

5 윗부분을 성기게 바느질하여
개더를 잡는다

6 스커트를 벨트에 단다

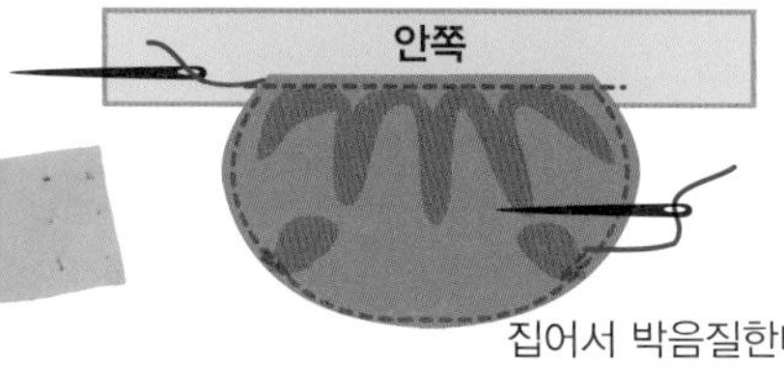

집어서 박음질한다

7 케이프를 씌워
몇 군데 고정한다

벨크로 테이프를
단다

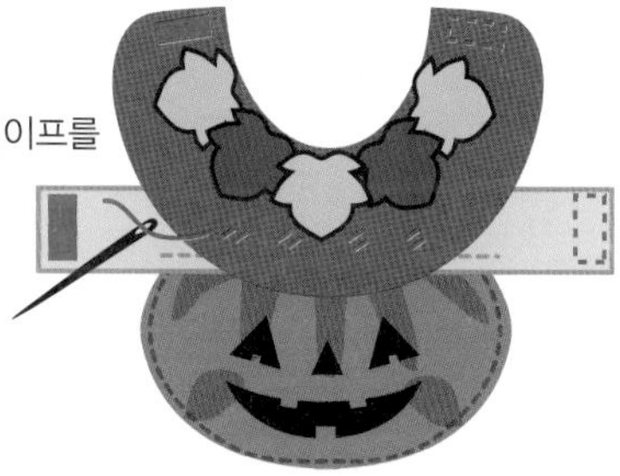

11 November

펠트 하니스 장식

솜을 넣은 폭신한 액세서리

하니스 벨트를
고무줄에 끼운다.
고무줄 길이는
하니스에 맞추어
조금 느슨하게

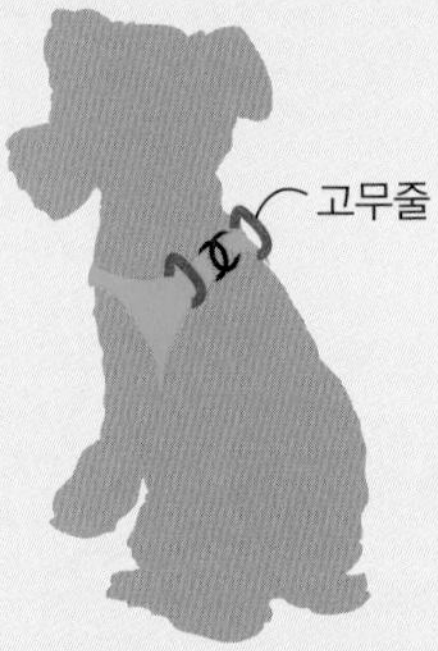

날개 재료·옷본 ▶ P.69

1 펠트를 좌우 2장씩 자른다.
겉쪽 2장에 수를 놓는다

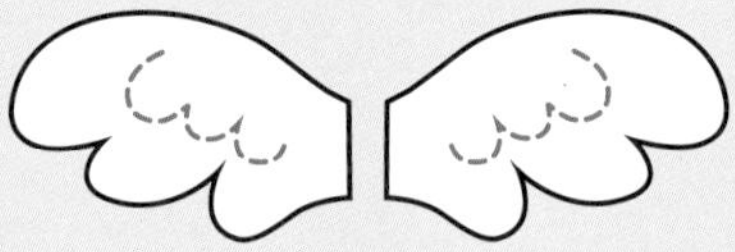

2 2장을 겹쳐 블랭킷 스티치

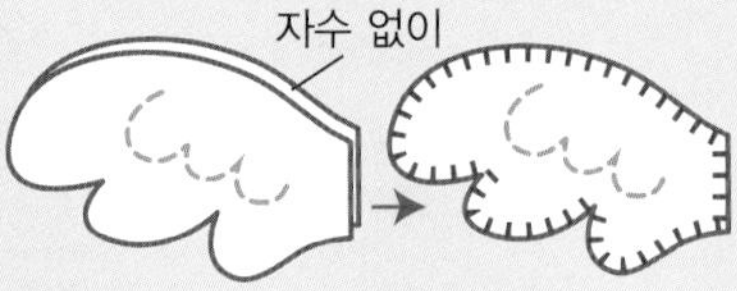

3 안쪽 천을 잘라 솜을 넣고 막는다

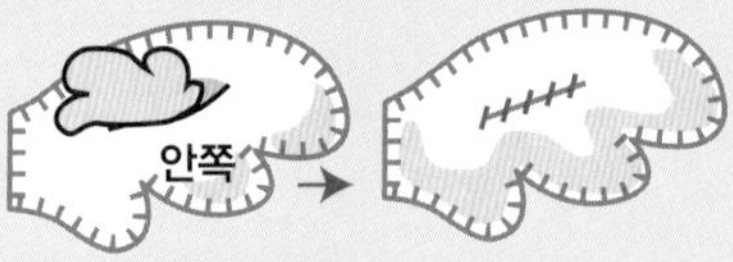

4 고무줄을
고리로 하여
고정한다

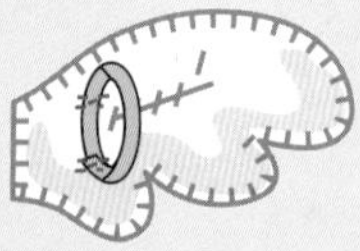

5 맞춰 박음질한다

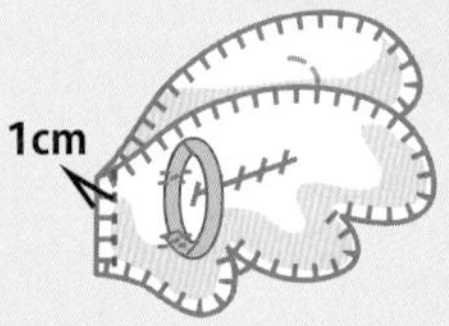

하트 재료·옷본 ▶ P.70

날개와 같은 방법으로 하트를 만든다

빨간색 하트 2개에 고무줄을 단다

리본 재료·옷본▶P.71

1 펠트를 자른다

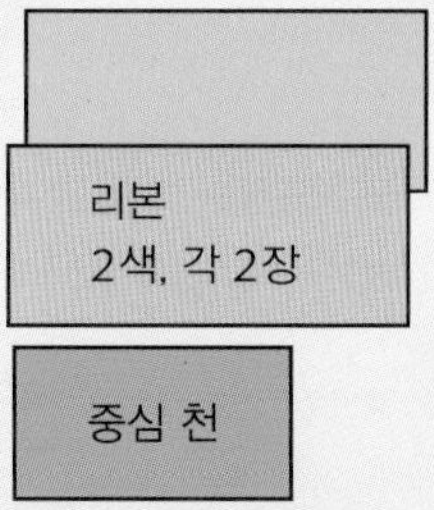
리본
2색, 각 2장
중심 천

2 날개와 같은 방법으로 바느질하여 솜을 넣고 막는다

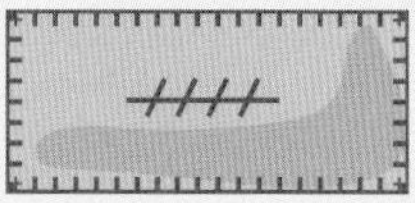

3 중심을 오목하게 접는다

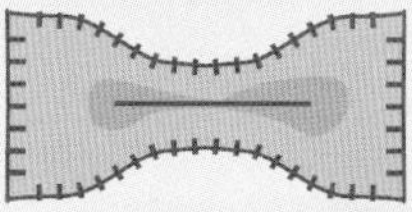

4 중심에 맞추어 접는다

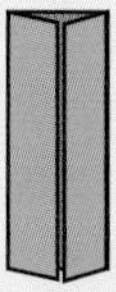

5 조합한다

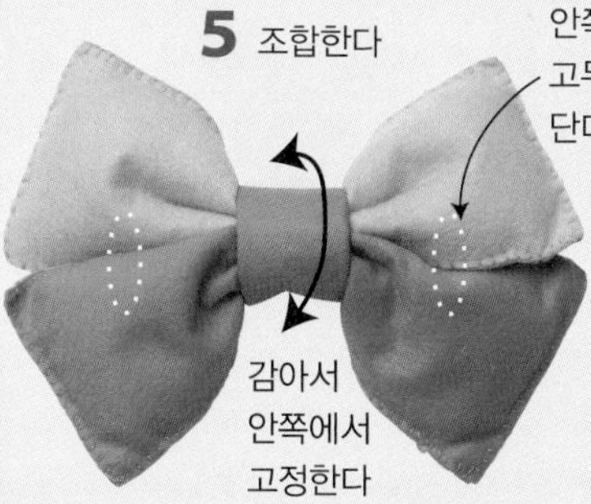
안쪽에
고무줄을
단다
감아서
안쪽에서
고정한다

딸기 재료·옷본▶P.70

1 펠트를 자른다

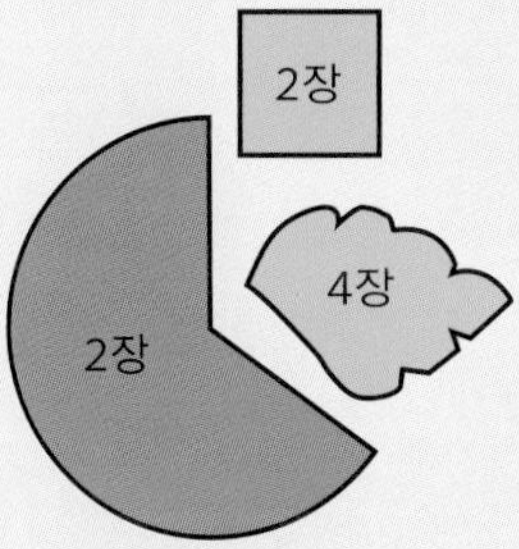
2장
4장
2장

2 날개와 같은 방법으로 잎사귀를 만든다

2개 모두
고무줄을 단다

3 열매를 만든다

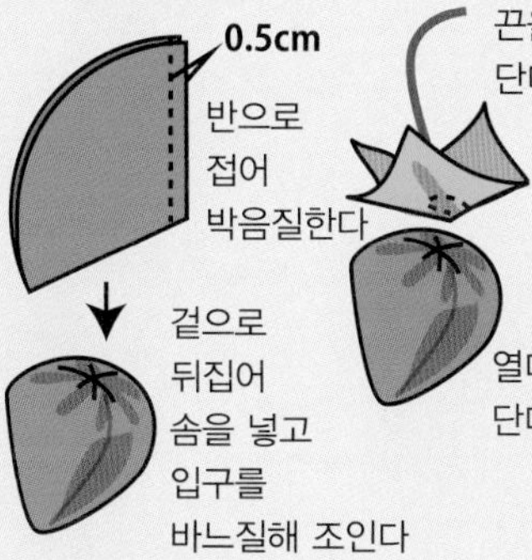
0.5cm
반으로
접어
박음질한다
겉으로
뒤집어
솜을 넣고
입구를
바느질해 조인다
끈을
단다
열매에
단다

5 조합한다

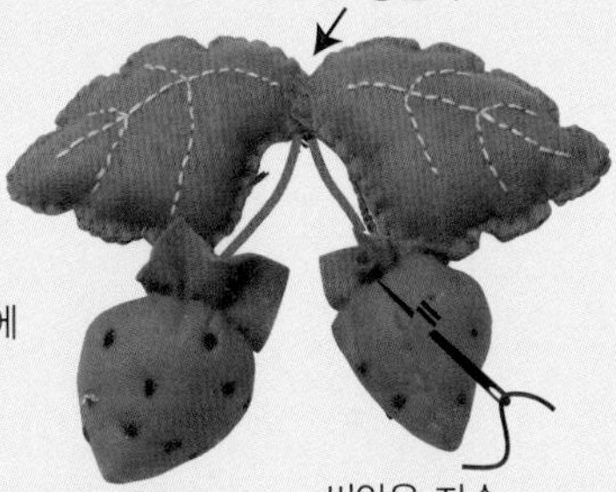
고정한다
씨앗은 자수

12 December

코트 드레스

추운 계절에 반가운 울 소재 코트.
하니스를 채우고 산책을 나간다면 코트 등에
리드 줄을 끼우는 구멍을 만든다

본체 소재 : 울·체크와 무지
리본 옷본·재료·만드는 법 ▶ P.59

dress
P.16
C 롱 기장
리본을
만들어
단다

본체 소재 : 울·체크
장식 파트 재료, 리본 옷본·만드는 법 ▶ P.57

dress
P.16
C 롱 기장
방울 레이스를
겉쪽에 단다
리본을
만들어
단다
방울
레이스를
안쪽에서
단다

리드 줄을 위한 구멍을 낸다

1 강아지에게 하니스를 채우고 완성한 코트를 입힌다

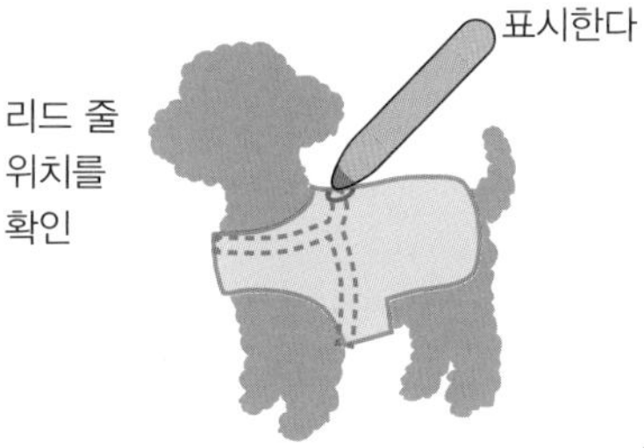

2 코트의 중심 위치에 구멍 선을 사각으로 그린다. 리드 줄을 달 금속보다 약간 크게

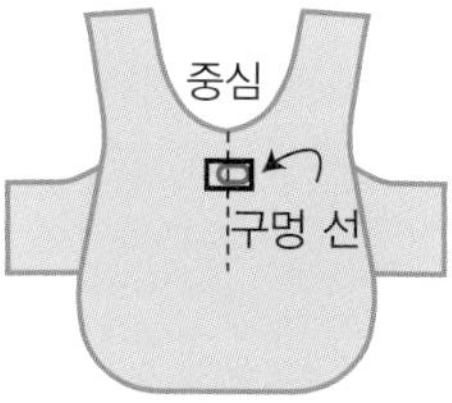

3 안감이 어긋나지 않게 시침핀으로 고정하여 성기게 바느질한다

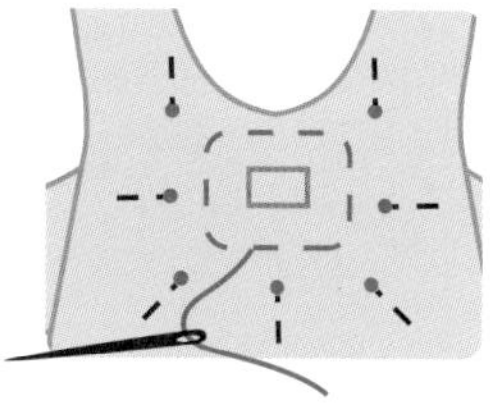

4 천을 자른다

5 겉감, 안감을 각각 안쪽으로 접는다

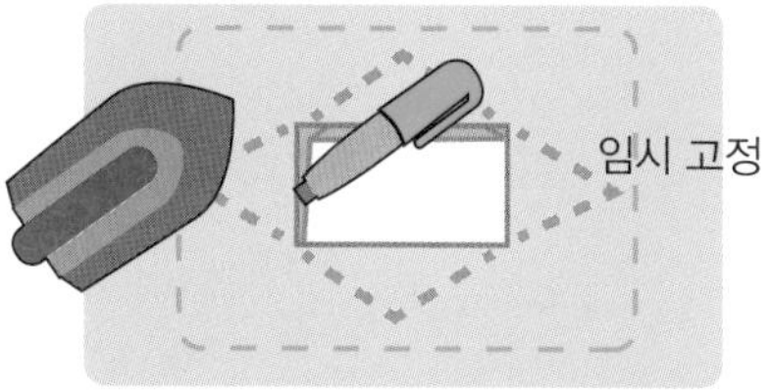

6 꿰매 고정한다. 임시 고정한 실을 뺀다

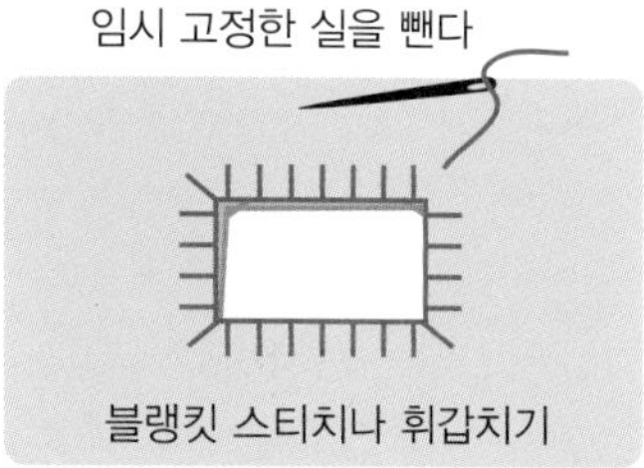

1 January

후드 달린 따뜻한 코트

보아털로 가장자리를 장식한 귀여운 코트.
C 코트를 완성하여 후드를 달았다.
후드는 장식. 활동을 방해하지 않게
등에 살짝 고정해놓자

본체 소재 : 면・코듀로이
후드 옷본・본체와 후드 재료 ▶ P.76

후드 다는 법

1 후드 천을 시접을 넣어 자른다

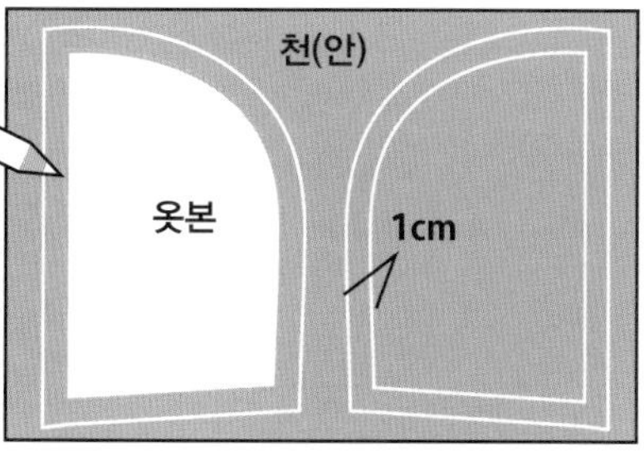
천(안)
옷본
1cm

2 겉끼리 맞대어 겹친다

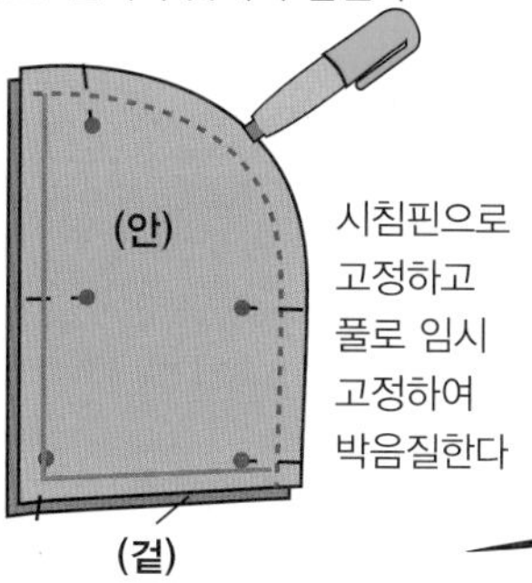
(안)
시침핀으로
고정하고
풀로 임시
고정하여
박음질한다
(겉)

3 시접을 접어 박음질한다

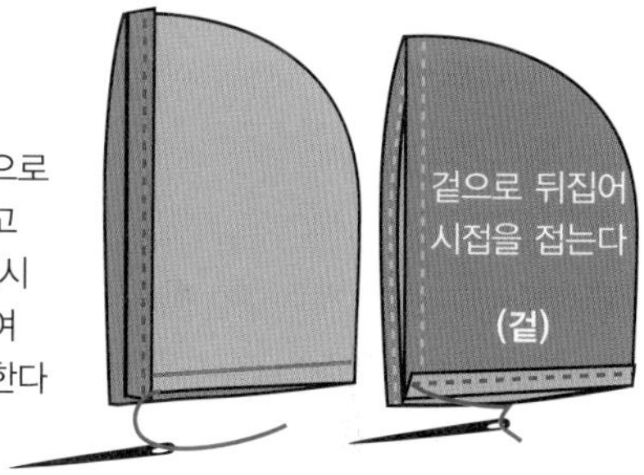
겉으로 뒤집어
시접을 접는다
(겉)

4 시접을
가른다

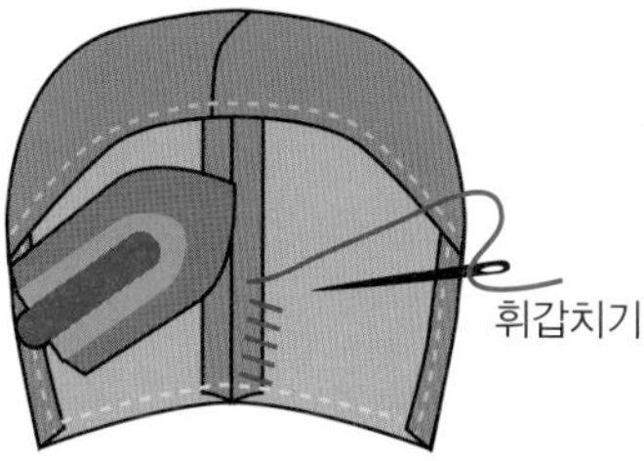
휘갑치기

5 중심을
맞추어
본체에
고정한다

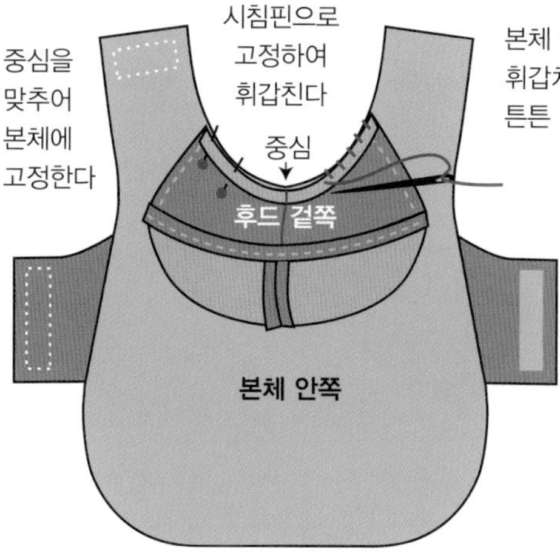
시침핀으로
고정하여
휘갑친다
중심
후드 겉쪽
본체 안쪽

6 보아털을 단다

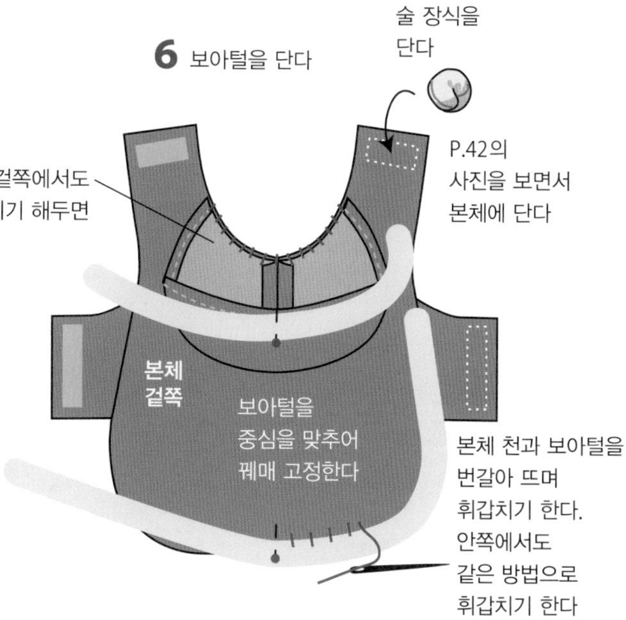
술 장식을
단다
본체 겉쪽에서도
휘갑치기 해두면
튼튼
P.42의
사진을 보면서
본체에 단다
본체
겉쪽
보아털을
중심을 맞추어
꿰매 고정한다
본체 천과 보아털을
번갈아 뜨며
휘갑치기 한다.
안쪽에서도
같은 방법으로
휘갑치기 한다

2 February

머플러와 케이프

햇살이 비치는 포근한 날에는
케이프나 머플러를 두르고 경쾌하게 산책을 즐기자

본체 소재 : 머플러
헌 머플러를 리메이크했다
옷본·재료▶P.74

1
천을
자른다

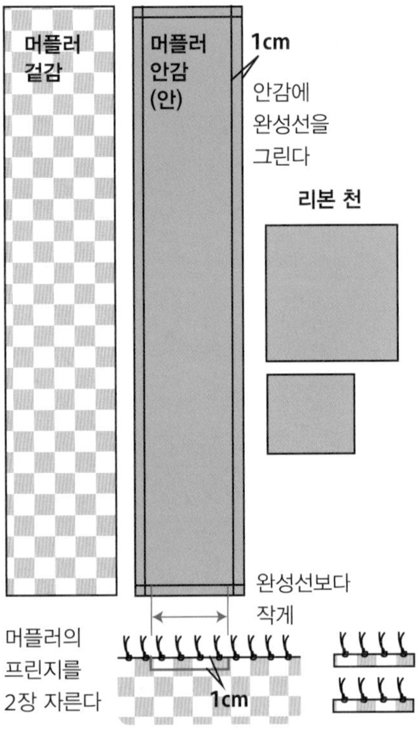

머플러
겉감
머플러
안감
(안)
1cm
안감에
완성선을
그린다
리본 천
완성선보다
작게
머플러의
프린지를
2장 자른다
1cm

2
머플러
겉감에
프린지를
임시 고정

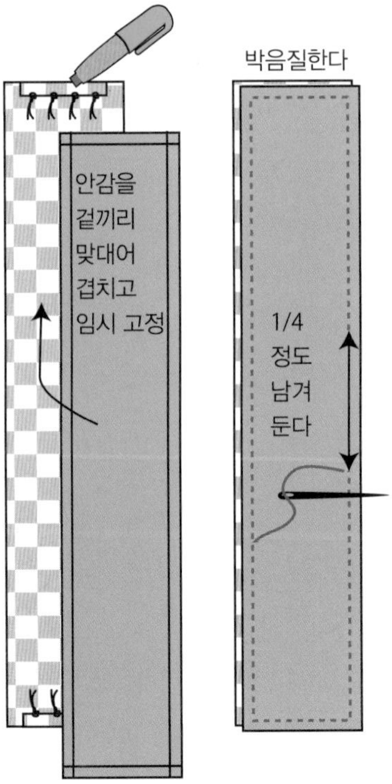

박음질한다
안감을
겉끼리
맞대어
겹치고
임시 고정
1/4
정도
남겨
둔다

3

❶ 겉으로 뒤집는다.

❷ 강아지에게 둘러
리본 위치를 정한다

❸ 창구멍을 휘갑치기 하고
다리미로 모양을 정돈한다

❹ 리본을 만든다. 만드는 법▶P.57
머플러에 가볍게 개더를 잡아
리본을 단다

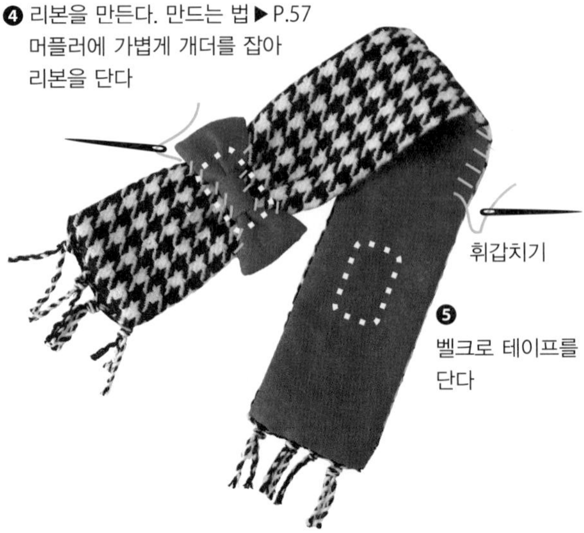

휘갑치기

❺
벨크로 테이프를
단다

본체 소재 : 펠트
옷본·재료 ▶ P.74

1 천을 자른다

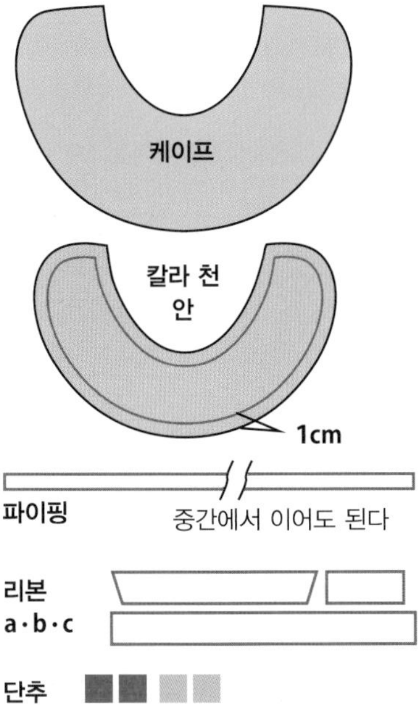
케이프
칼라 천
안
1cm
파이핑
중간에서 이어도 된다
리본
a·b·c
단추

2 칼라 천을 맞추어 임시 고정하고 여분을 자른다

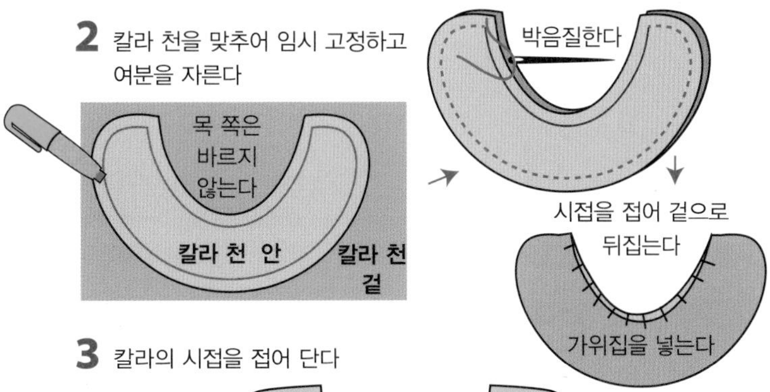
목 쪽은
바르지
않는다
칼라 천 안
칼라 천
겉
박음질한다
시접을 접어 겉으로
뒤집는다
가위집을 넣는다

3 칼라의 시접을 접어 단다

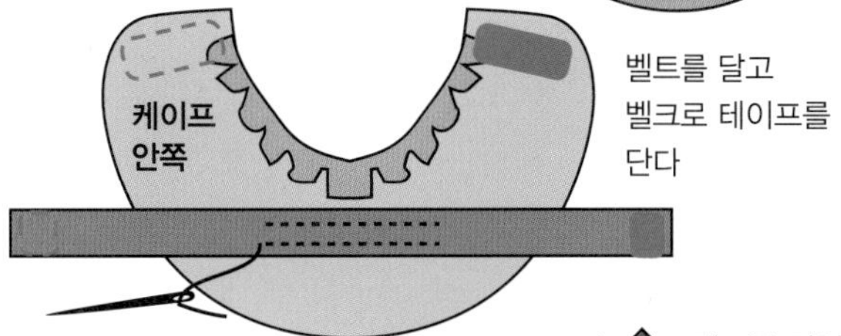
케이프
안쪽
벨트를 달고
벨크로 테이프를
단다

4 장식 파트를 단다

펠트를 겹쳐
바느질한다
파이핑을
단다
리본을 단다

3 March

프릴과 포켓 달린 드레스

따뜻한 봄날에 어울리는 코튼 소재의 스프링 코트.
봄바람에 프릴이 살랑살랑 흔들린다

본체 소재 : 면·프린트
칼라·포켓 옷본▶부록 뒷면
장식 파트 재료, 프릴 만드는 법▶P.55

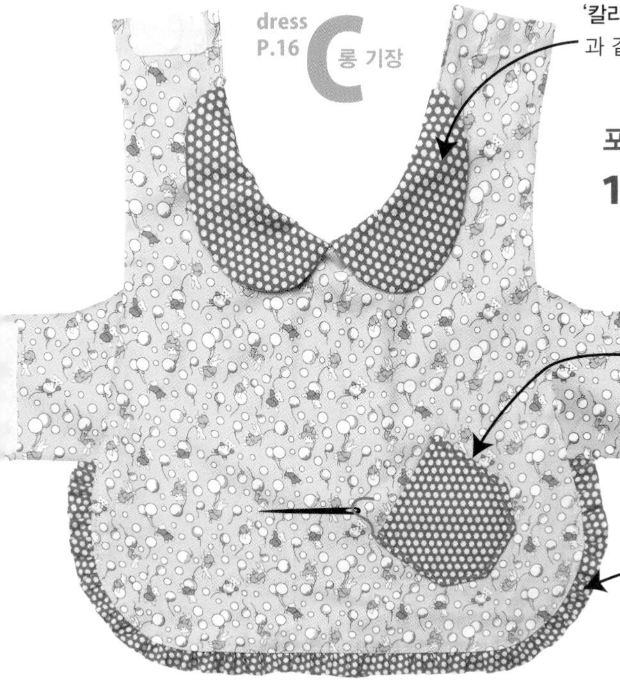

칼라를 단다

'칼라를 만든다' '칼라를 몸판에 끼워 박음질한다' ▶ P.23
과 같은 방법으로 칼라를 단다

포켓을 단다

1 옷본을 접착심지에 베껴 자른다

2 천의 안쪽에 붙이고 여분을 자른다

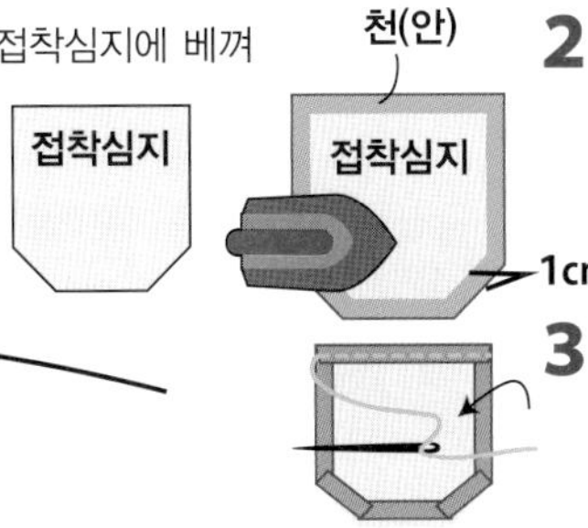

3 시접을 접어 입구 쪽을 박음질한다

4 강아지에게 드레스를 입혀 위치를 정하고 임시 고정하여 박음질한다

같은 천으로 프릴을 만든다.
안쪽에서 단다

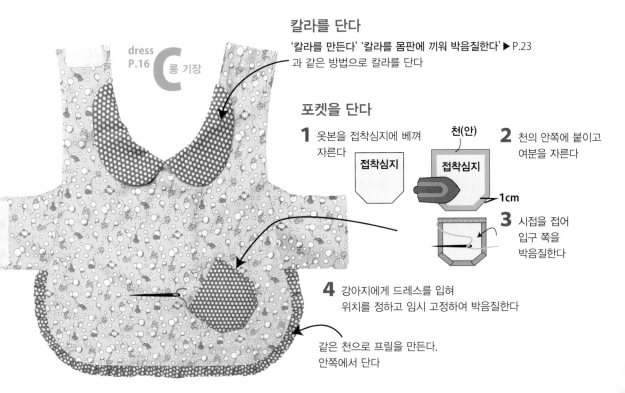

3 March

티롤풍 드레스

dress P.14 **B**

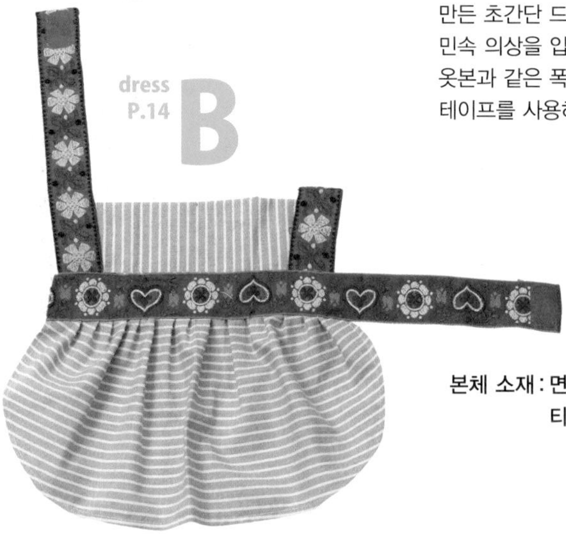

어깨끈과 벨트를 티롤리안 테이프로 만든 초간단 드레스. 마치 티롤의 민속 의상을 입은 듯 귀엽다. 옷본과 같은 폭과 길이의 테이프를 사용하자

본체 소재 : 면·스트라이프
티롤리안 테이프

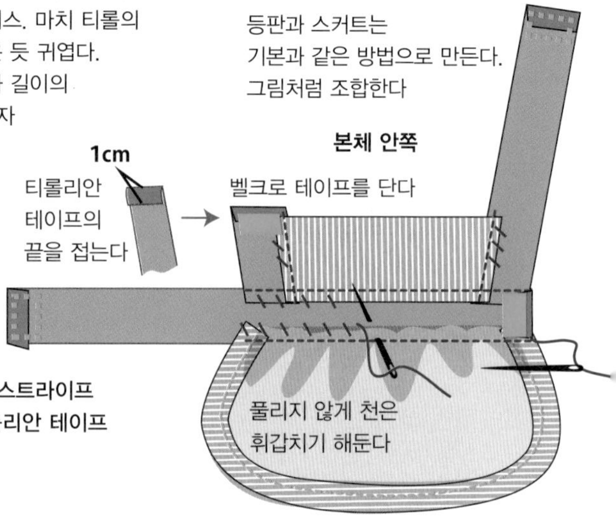

등판과 스커트는
기본과 같은 방법으로 만든다.
그림처럼 조합한다
본체 안쪽
1cm
티롤리안
테이프의
끝을 접는다
벨크로 테이프를 단다
풀리지 않게 천은
휘갑치기 해둔다

제 옷 많이
만들어주실
거죠?

Dress Patterns

파트 옷본 · 드레스 재료

재료의 필요량

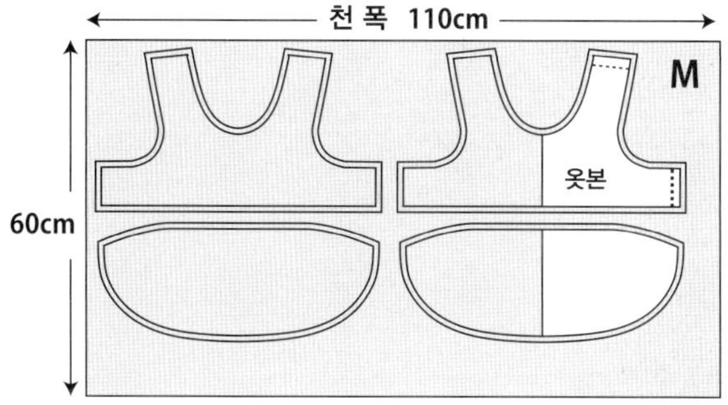

■ 큰 천은 110cm 폭으로
길이 10cm 단위

■ 작은 천의 필요량은 5～10cm 단위
가로세로 어느 쪽이든 상관없다

■ 작은 펠트 파트는
20cm 사각의 필요 장수

■ 길이가 긴 테이프는 50cm 단위

옷본 보는 법

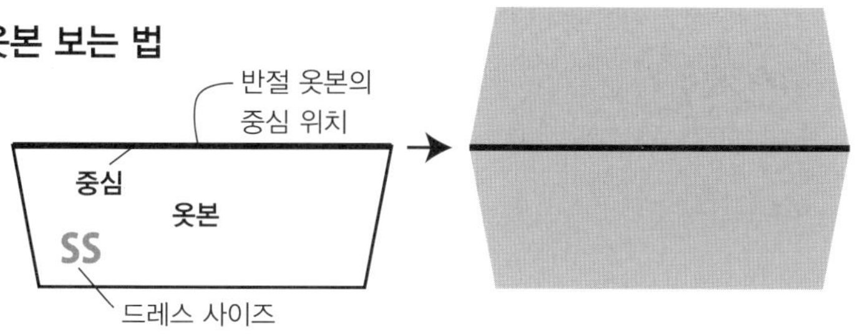

장식 파트에 대해서

레이스나 장식 파트 사이즈는 표준이다. 딱 맞지 않아도 상관없다.
또 작은 강아지 드레스의 경우 폭이 좁거나 작은 장식이 없을 수도 있다.
레이스 등의 장식은 드레스 본체를 완성한 뒤 고르는 것이 좋다.
조금 큰 장식을 달면
드레스가 더 화사해진다.
다는 위치를 지정하지 않은 옷은
사진을 참고해서 달자.

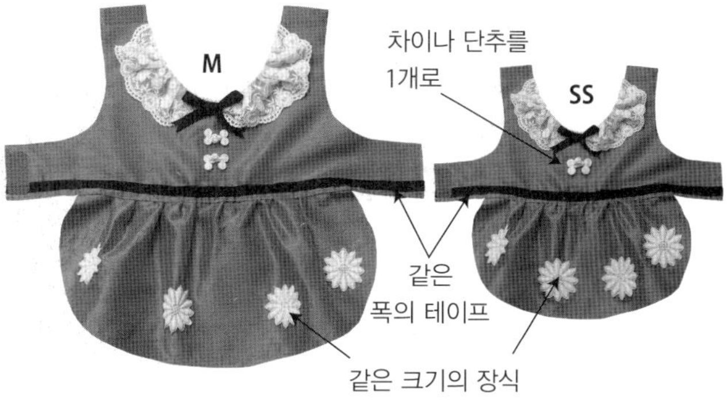

파트와 자수실의 색

드레스 본체의 천 색상이
다양하기 때문에
색 번호는 게재하지 않았다.
사진을 참고해서 만들자.

여러 가지 바느질 방법

구슬매듭

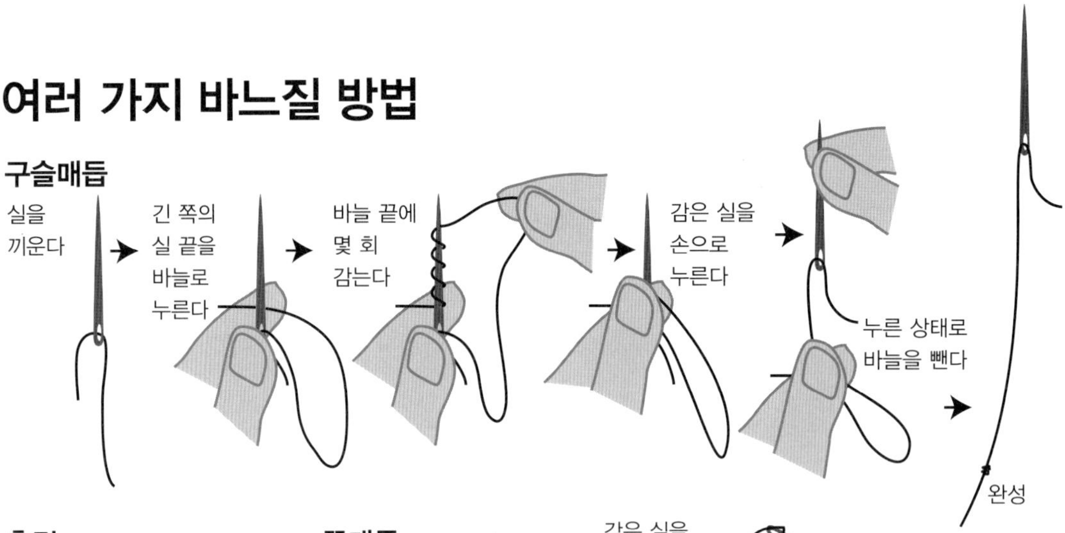

실을
끼운다
긴 쪽의
실 끝을
바늘로
누른다
바늘 끝에
몇 회
감는다
감은 실을
손으로
누른다
누른 상태로
바늘을 뺀다
완성

홈질

약 0.5cm 간격으로
바늘을 꽂아 바느질한다

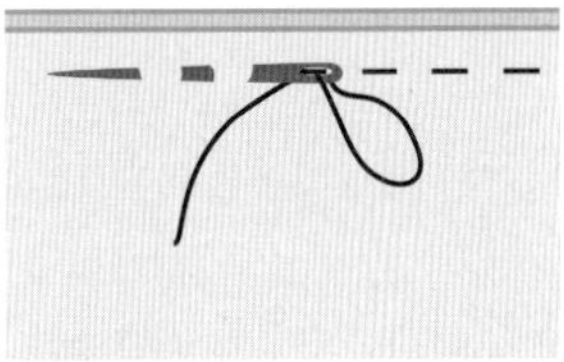

끝매듭

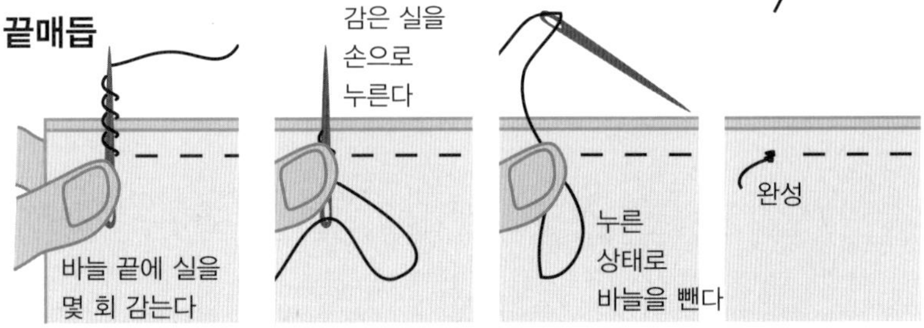

바늘 끝에 실을
몇 회 감는다
감은 실을
손으로
누른다
누른
상태로
바늘을 뺀다
완성

감침질

자른 천 끝이
풀리지 않게
바느질한다.
안감만 떠서
겉쪽으로 바늘이
나오지 않게 하면
깔끔하다

드레스 안쪽

휘갑치기

2장의 천 끝을
작게 떠서
바느질한다

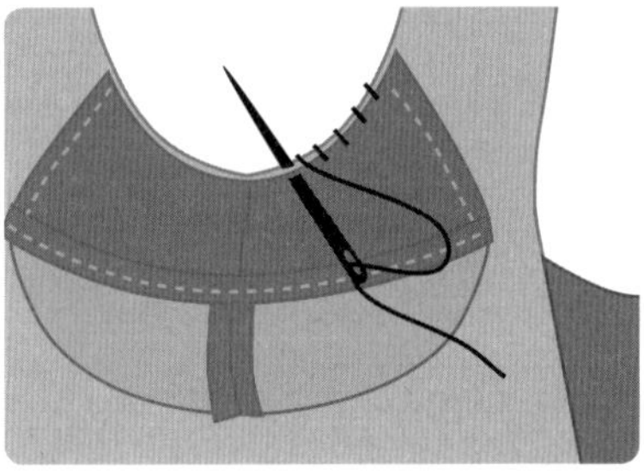

블랭킷 스티치

자수 시작 구슬매듭을 짓고 겹친 천의
안쪽에서 바늘을 빼낸다

옆으로 바늘을 넣어 반대쪽으로 빼낸다.
실을 건다. 이것을 반복하여 수놓아간다

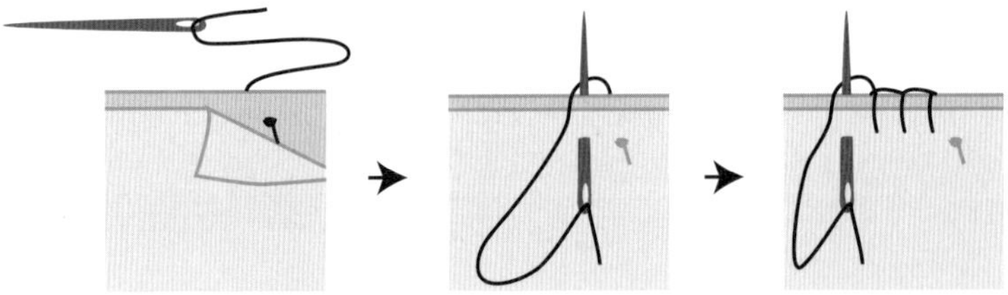

마무리

자수를 시작한 실에
바늘을 건다

앞쪽 천에 바늘을 꽂아
천 사이로 빼낸다

실을 묶는다

천 사이에 바늘을 꽂아 조금 떨어진 곳에서
겉으로 빼낸다. 겉으로 빼낸 실을 자른다

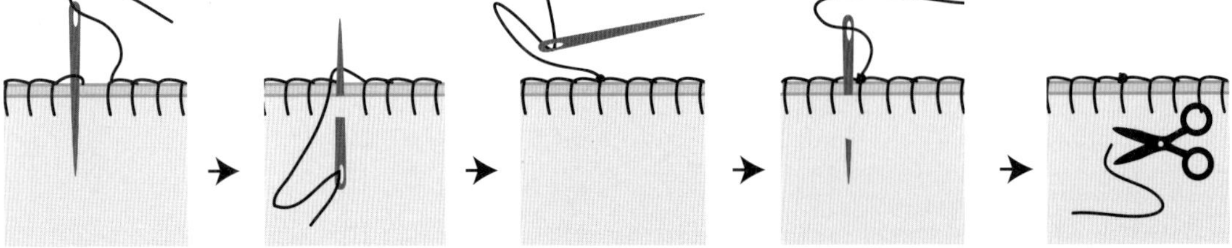

특별한 재료

벨크로 테이프

사이즈나 강도는 여러 종류가 있다.
봉제용을 사용한다.
공작용 소재로 딱딱한 타입은 맞지 않는다

끝이 풀리지 않아 자유롭게 모양을 자를 수 있다

에코 매직 테이프 2.5×20cm

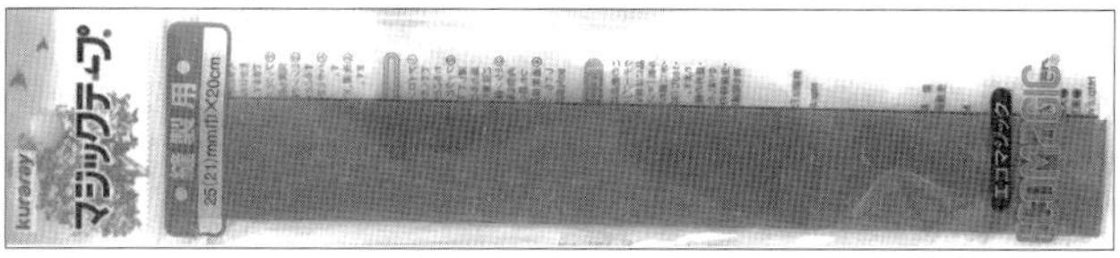

프리 매직 테이프
지름 2.2cm
다리미 접착.
에코 매직 테이프보다
접착력은 조금 약하다

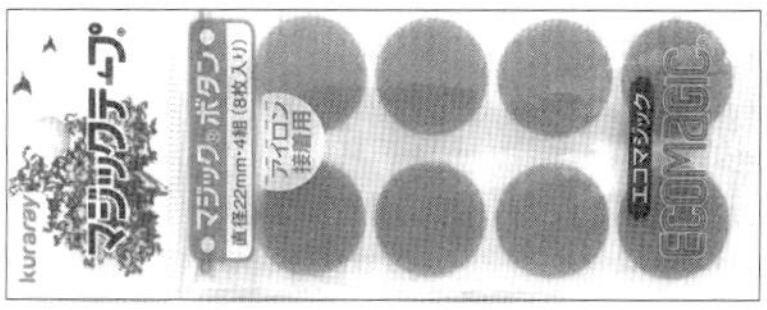

차이나 단추
약 3×2cm

12골 고무줄

실물 크기

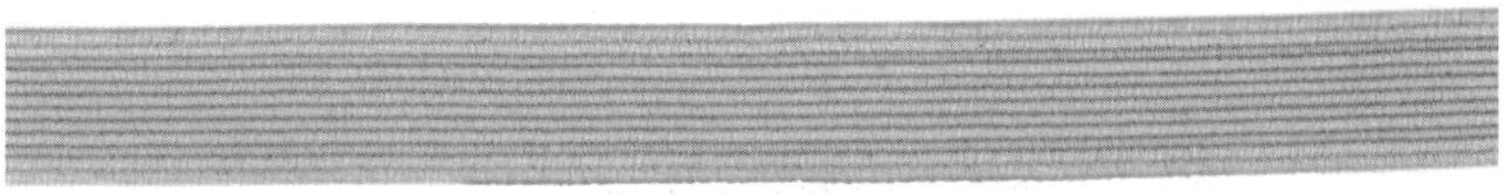

방울 레이스

폭

세일러 테이프

리크랙 테이프

진폭

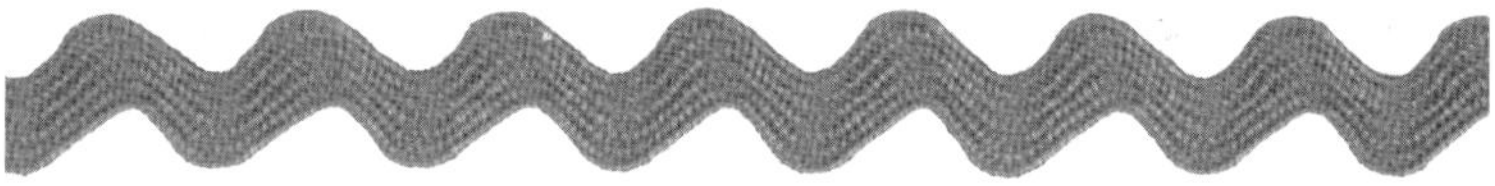

턱이나 개더 리본

윗부분에 턱이나
개더를 잡은 리본.
필요량은 천을 조인 쪽의
사이즈로 표시

길이

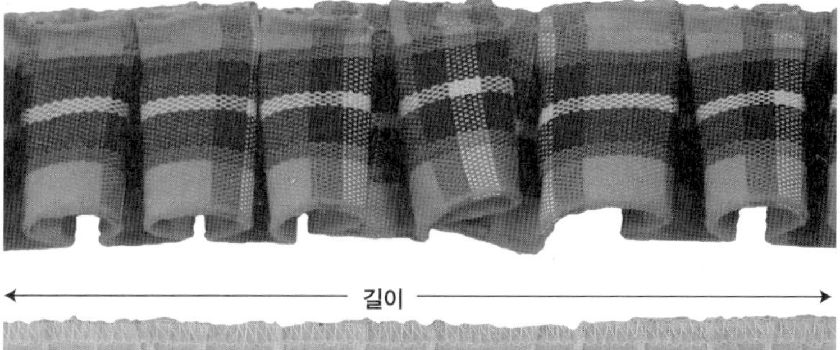

개더 레이스(주름 레이스)

윗부분에 개더를 잡은 레이스.
필요량은 개더 쪽의
사이즈로 표시

길이

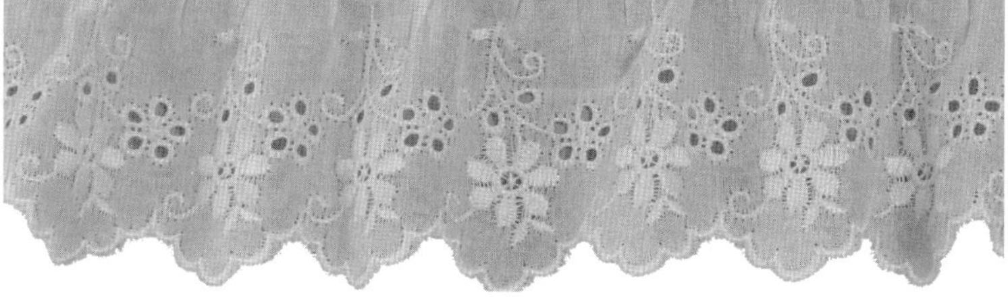

★ 개더가 없는 리본이나 레이스의 경우는 1.5~2배 길이가 필요하다

기본 드레스의 재료

벨크로 테이프는 어떤 드레스든
폭 2.5cm 길이 20cm 1줄

110cm 폭의 천에서 모든 파트를 만들 경우의 치수이다.
★목·가슴둘레를 강아지에 맞추어 수정한 경우, 파트에 다른 천을 사용할 경우, 방향이 있는 무늬의 경우는 필요한 천 사이즈를 가감한다

A dress P.10

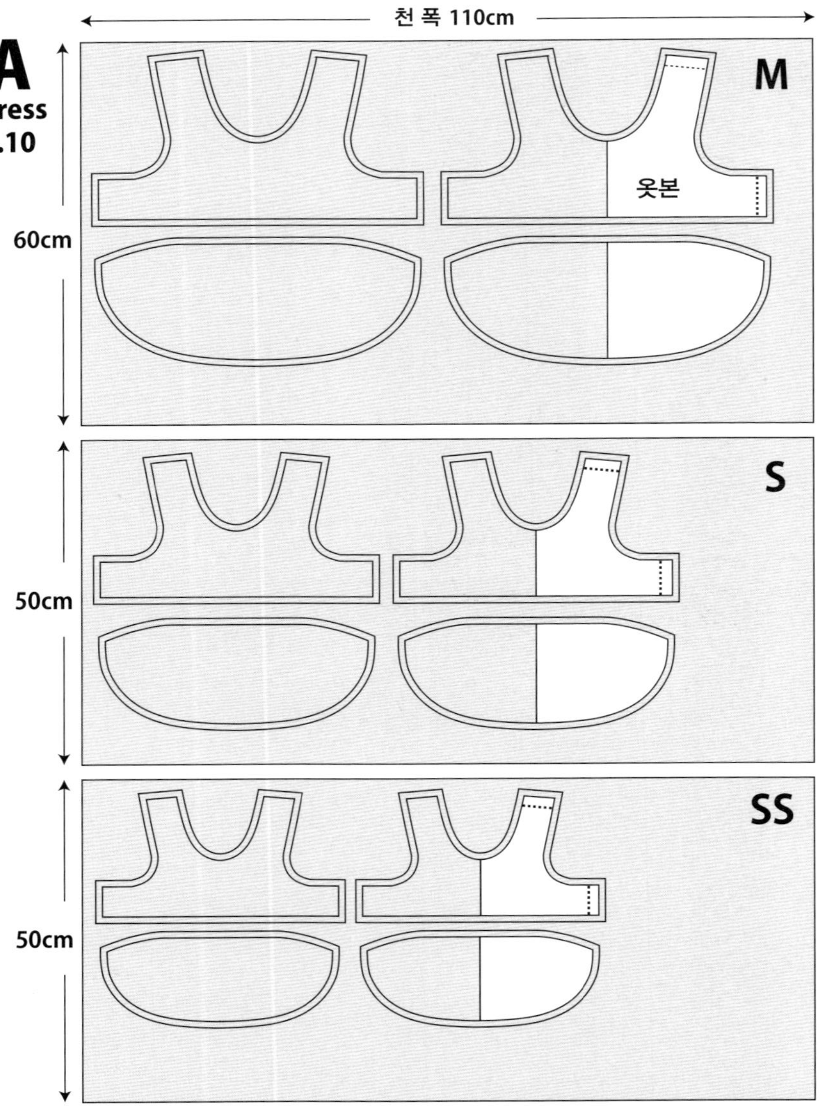

B dress P.14

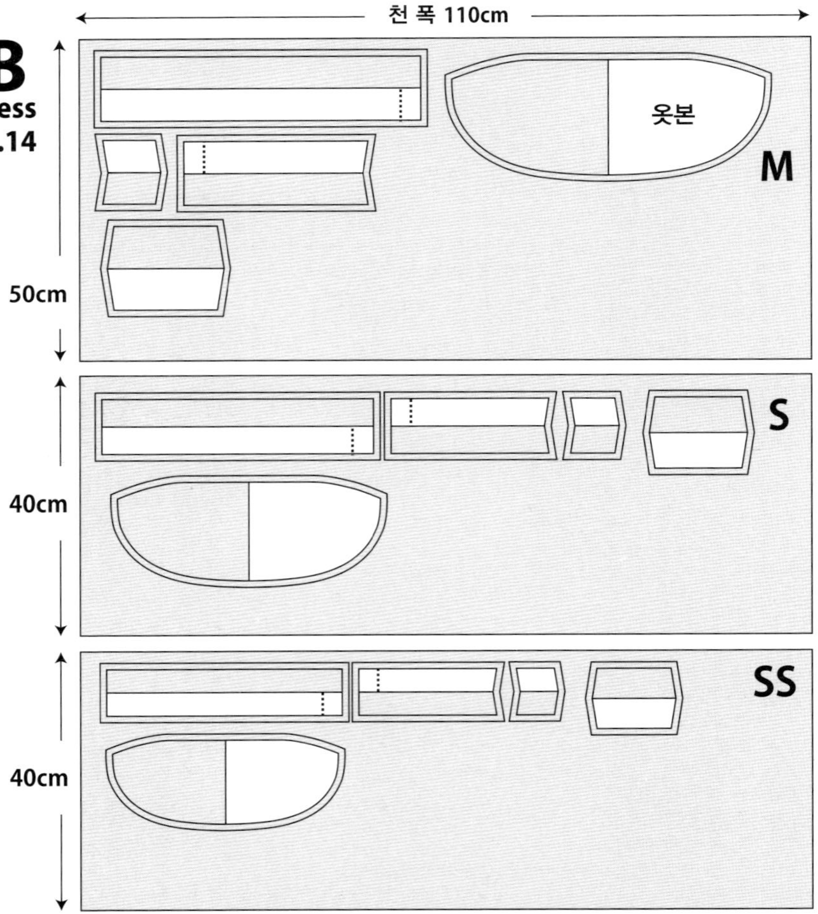

dress
P.16 C
쇼트 기장
천 폭 110cm
M
옷본
50cm
S
40cm
SS
40cm
dress
P.16 C
롱 기장
천 폭 110cm
M
옷본
50cm
S
50cm
SS
40cm

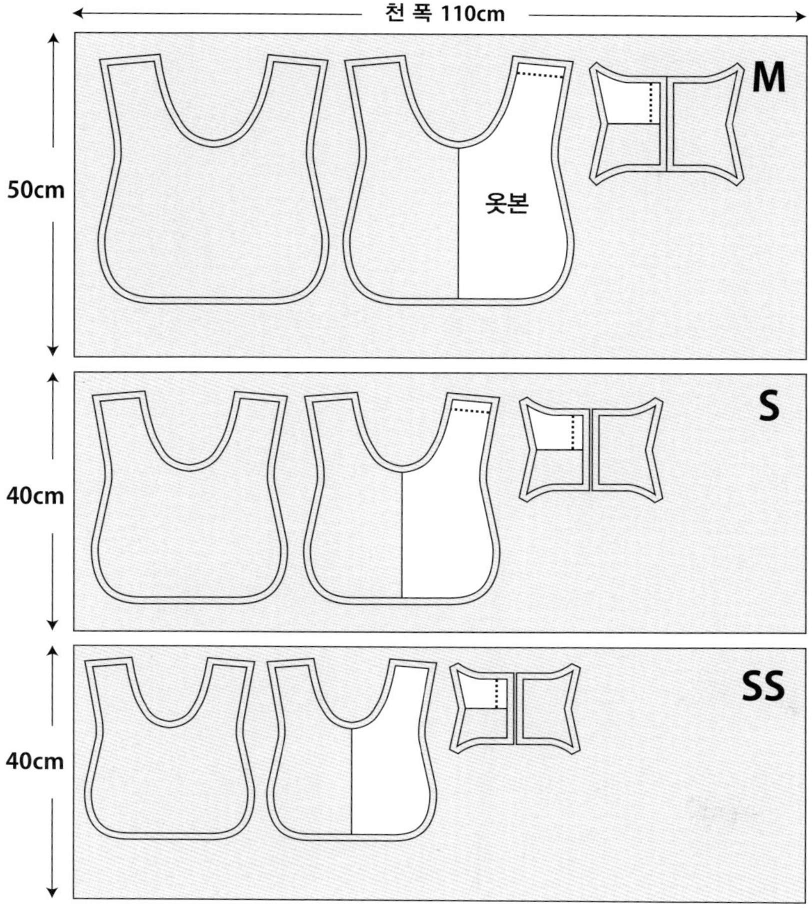

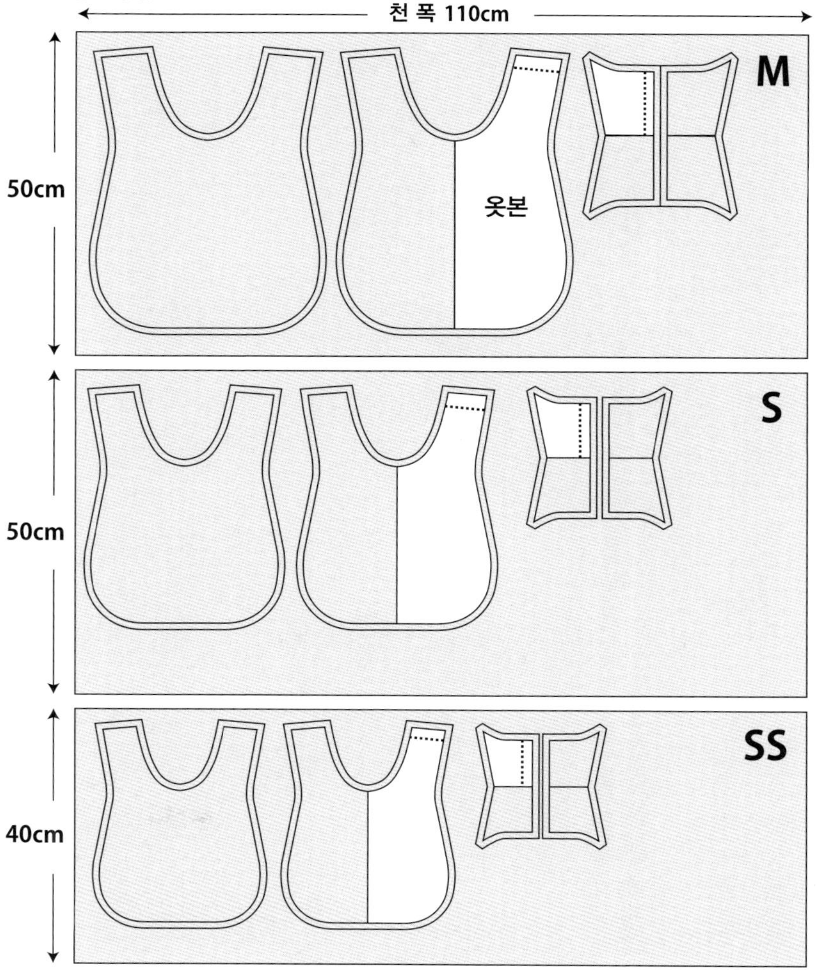

스쿨 원피스

테이프 다는 위치

옷본 100%

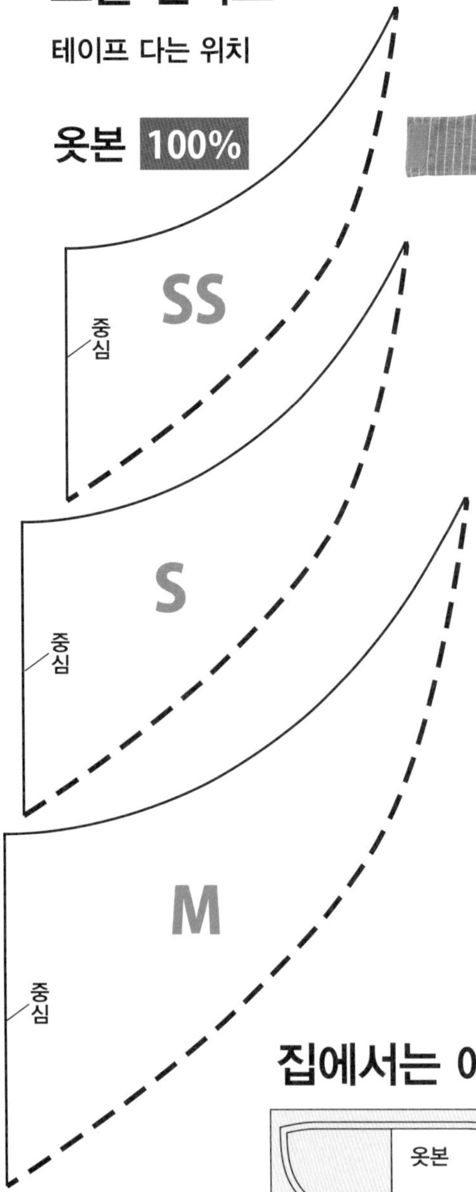

재료

스커트 천:
M 50×30cm
S 50×20cm
SS 40×20cm

세일러 테이프:
M 폭 5mm 길이 2m
S·SS 폭 3mm
길이 1.5m

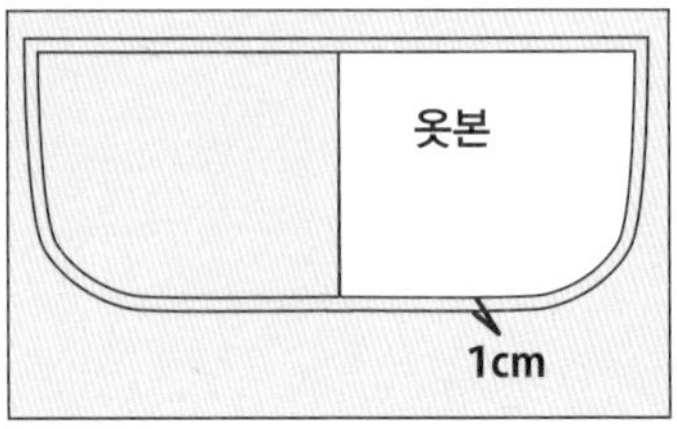

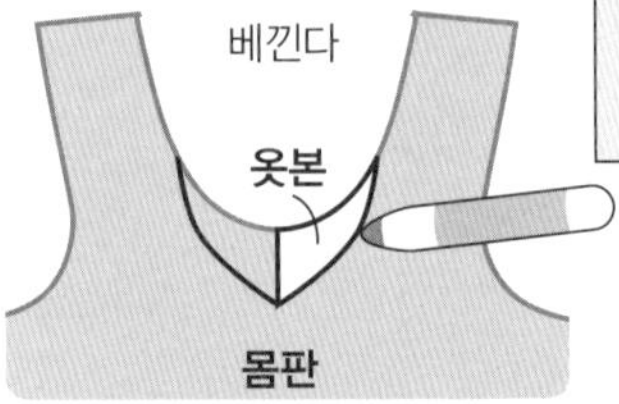

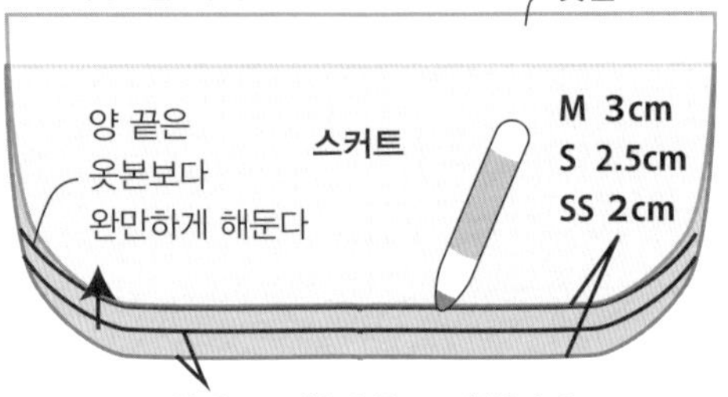

집에서는 에이프런 드레스

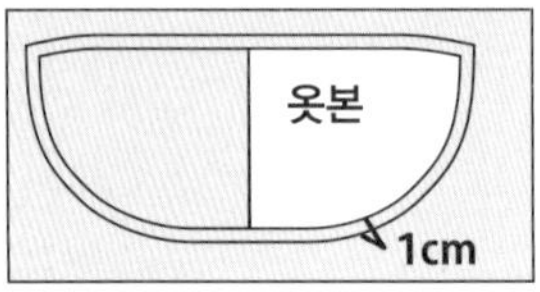

재료

에이프런 천:
M 40×50cm / S 30×20cm / SS 30×20cm

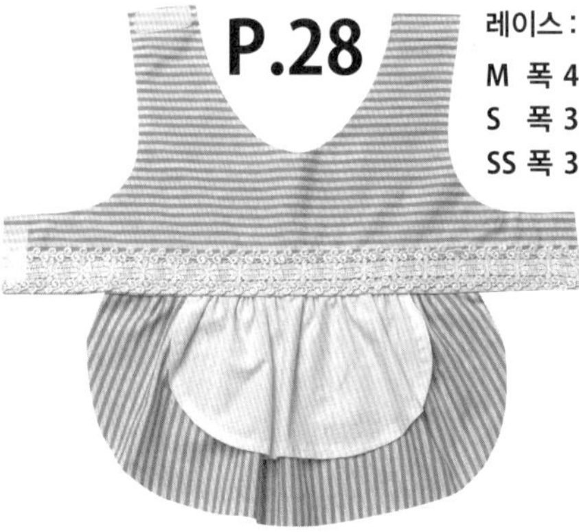

레이스:
M 폭 4cm 길이 50cm
S 폭 3.5cm 길이 45cm
SS 폭 3cm 길이 40cm

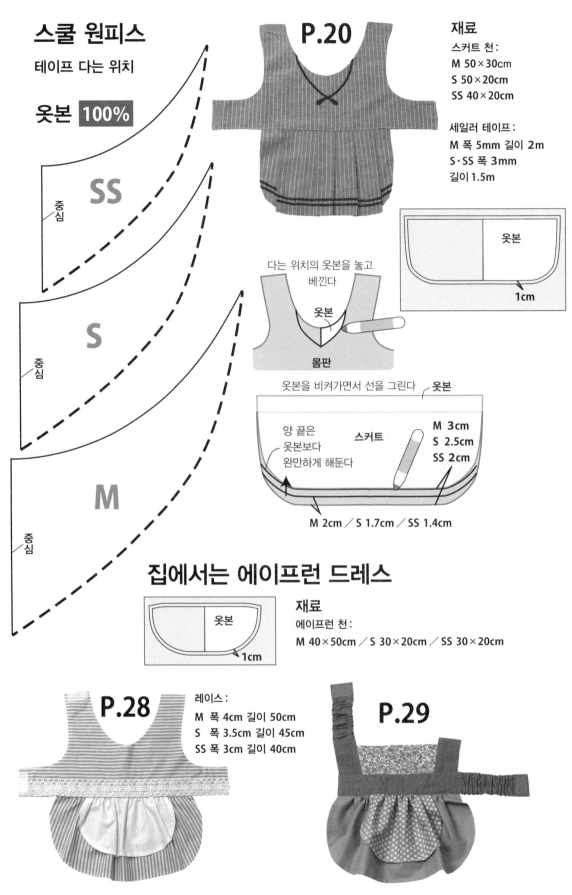

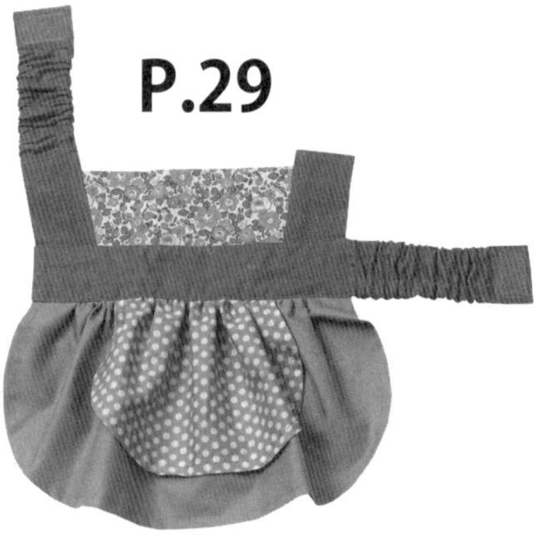

프릴과 포켓 달린 드레스

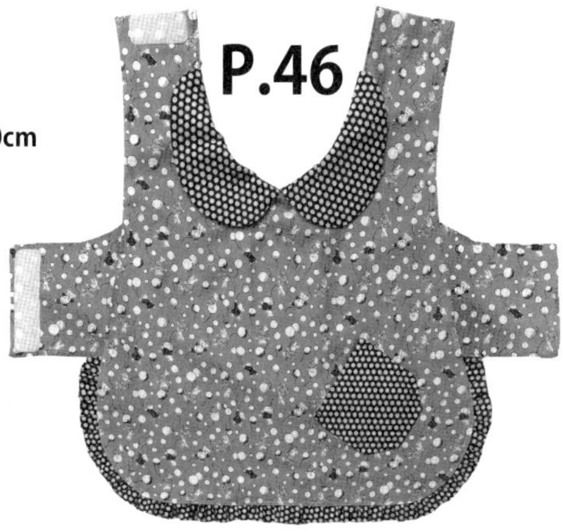

재료 장식 파트용 천 : M 50×40cm ／ S 40×40cm ／ SS 40×30cm
포켓용 한쪽 면 접착심지 10cm 사각 1장

바이어스테이프를 만든다

1 천 끝을 맞추어 삼각으로 접고 자국 낸 선을 그린다

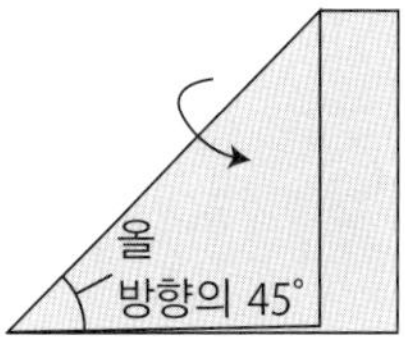

2 자를 대고 테이프 폭으로 선을 그린다. 천을 자른다

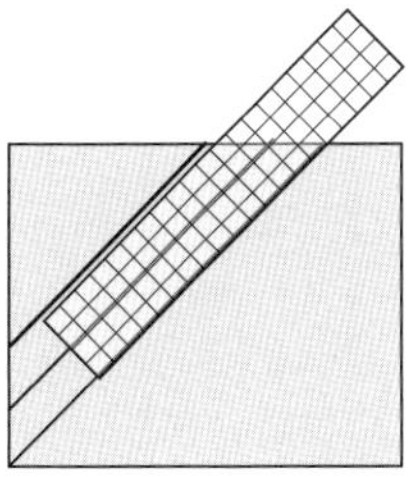

3 이을 때는 2줄을 직각으로 겹쳐 박음질한다

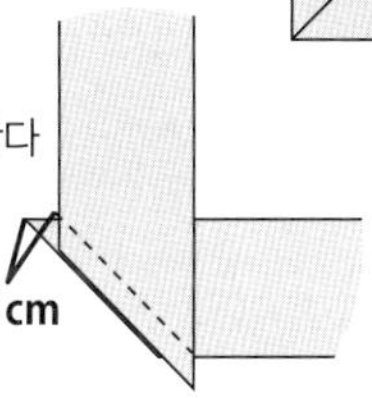

개더를 잡는다

1 필요 치수로 잘라 반으로 접어 표시한다

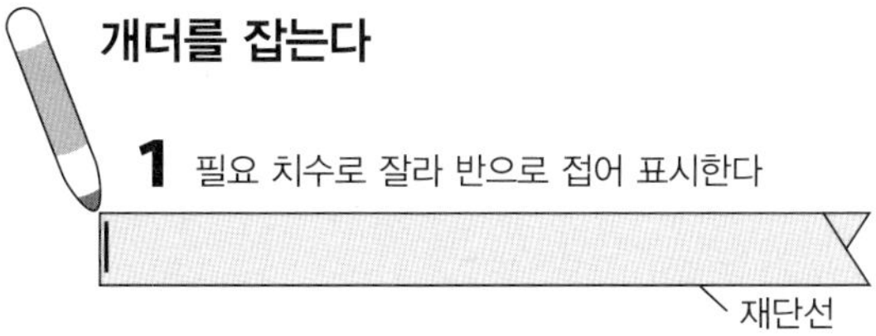

2 성기게 바느질하여 지정 치수까지 개더를 잡는다

3 몸판 중심에 표시를 맞추어 개더를 정돈하면서 시침핀으로 고정한다. 임시 고정하여 박음질한다

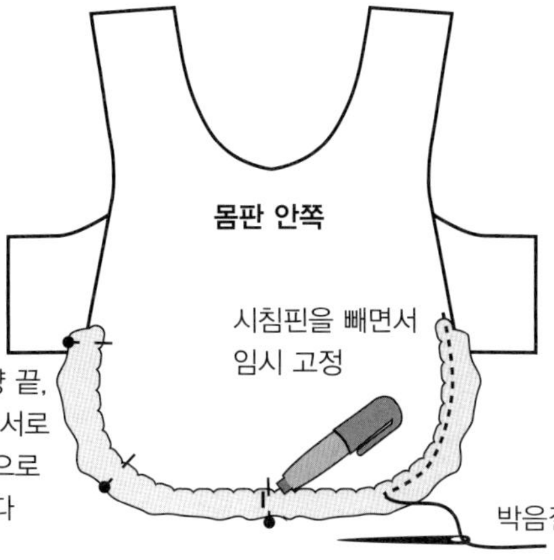

바이어스테이프 다루는 법과 사이즈

M **바이어스테이프** 폭 3cm, 길이 90cm
개더를 잡아 55cm로 한다

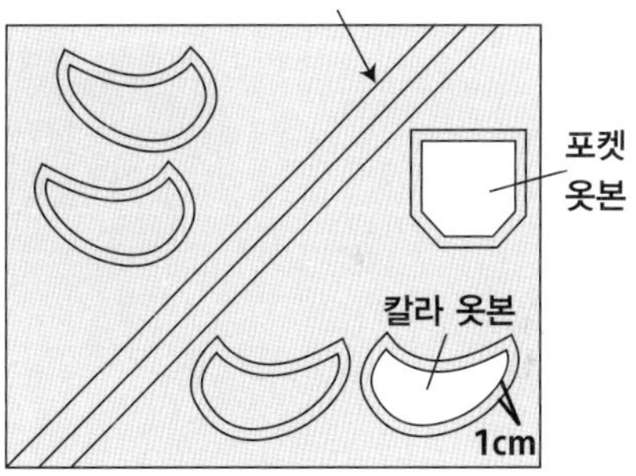

S **바이어스테이프** 폭 2.5cm, 길이 80cm
개더를 잡아 45cm로 한다

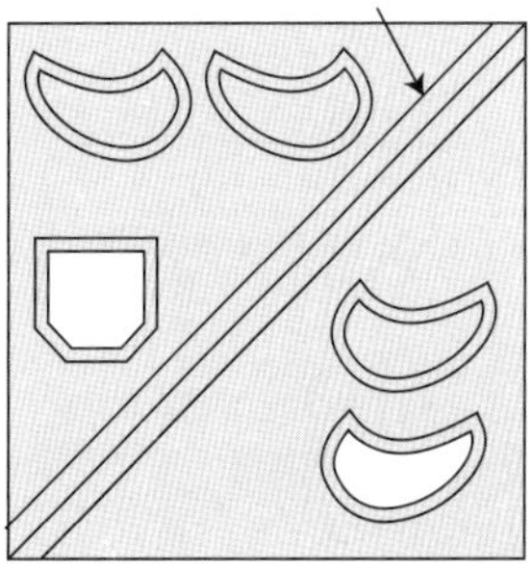

SS **바이어스테이프** 폭 2cm, 길이 70cm
개더를 잡아 40cm로 한다

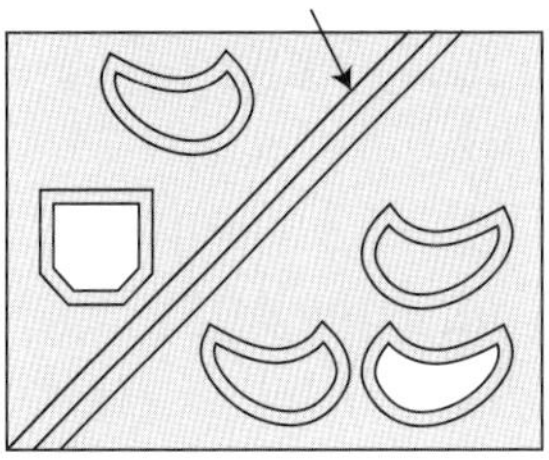

칼라가 포인트! 봄 드레스

칼라 천 재료

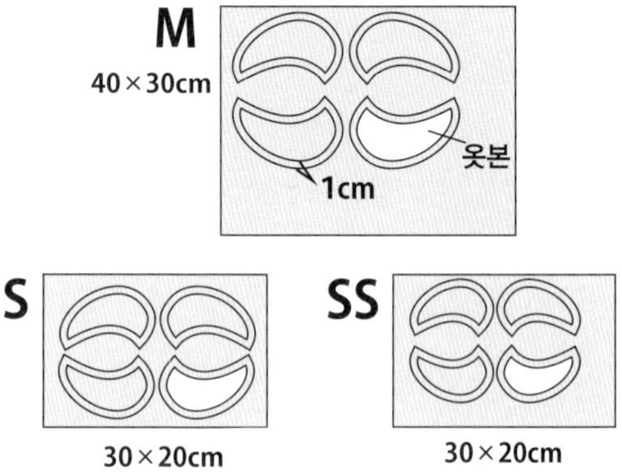

토핑으로 장식한 드레스

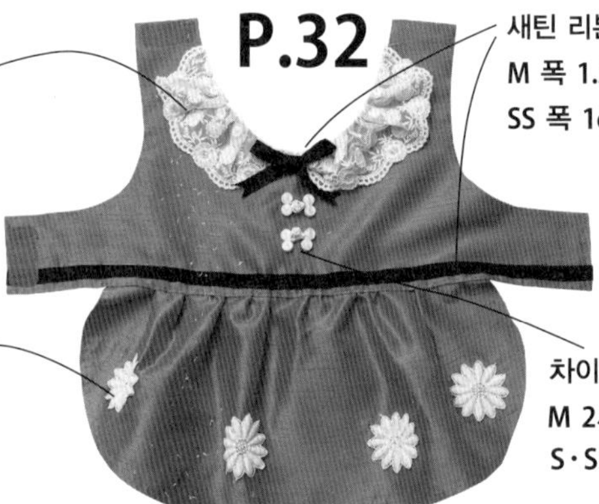

장식 파트 재료

레이스 :
M 폭 8cm 길이 50cm
S 폭 7cm 길이 42cm
SS 폭 6cm 길이 36cm

★ 레이스 파트는
완성한 뒤
드레스에 맞춰 고르자

새틴 리본 :
M 폭 1.5cm 길이 1m ⁄ S 폭 1.2cm 길이 90cm
SS 폭 1cm 길이 80cm

차이나 단추 약 3×2cm :
M 2세트
S·SS 드레스는 작아서 1세트

호박 스커트

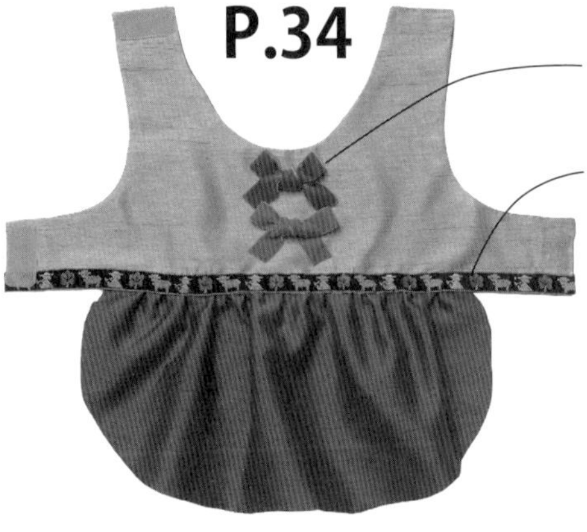

P.34 장식 파트 재료

벨벳 리본 2색 각 1개 : M 폭 2cm 길이 40cm
S 폭 1.5cm 길이 30cm ⁄ SS 폭 1.5cm 길이 30cm

티롤리안 테이프 : M 폭 2cm ⁄ S 폭 1.5cm ⁄ SS 폭 1.5cm
길이는 강아지 가슴둘레＋시접 2cm

P.35 장식 파트 재료

턱 리본 : M 폭 2.5cm ⁄ S 폭 2cm ⁄ SS 폭 2cm
길이는 강아지 목둘레＋시접 2cm

★ 레이스 파트는 완성한 뒤
드레스에 맞춰 고르자

레이스를 사용한 파티 드레스

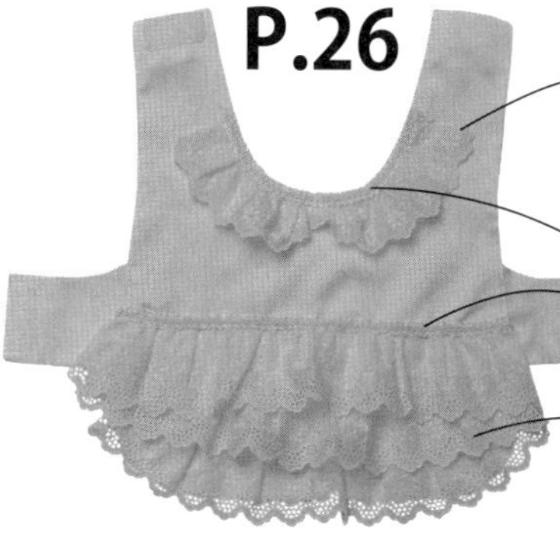

장식 파트 재료

레이스 a 개더 레이스 :
M 폭 5cm 길이 25cm
S 폭 4cm 길이 20cm
SS 폭 3.5cm 길이 20cm

레이스 b : 폭 1~0.8cm
길이 M 60cm / S 50cm / SS 45cm

레이스 c 개더 레이스 :
M 폭 7.5cm 길이 1m
S 폭 6.5cm 길이 85cm
SS 폭 5.5cm 길이 75cm

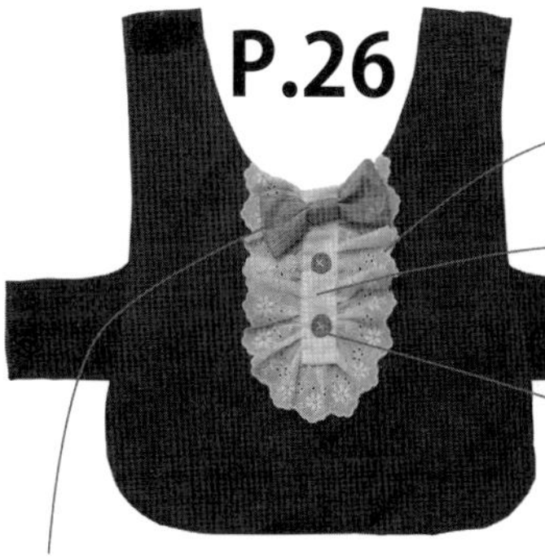

장식 파트 재료

개더 레이스 : M 폭 5cm 길이 35cm
S 폭 4.5cm 길이 30cm
SS 폭 4cm 길이 25cm

리본 : M 폭 2.5cm 길이 15cm
S 폭 2cm 길이 15cm
SS 폭 2cm 길이 15cm

단추용 펠트 / 자수실 소량

넥타이 천 : 옷본에 시접
(가로세로 2cm씩)을 더한 사이즈

넥타이 옷본 사이즈

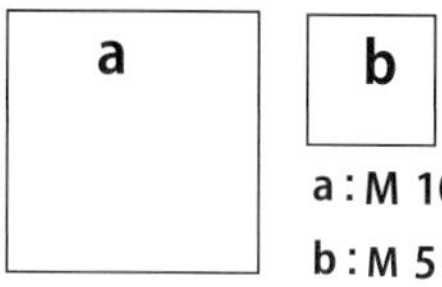

a : M 10×10cm / S 8×8cm / SS 7×7cm
b : M 5×5cm / S 4×4cm / SS 3.5×3.5cm

코트 드레스

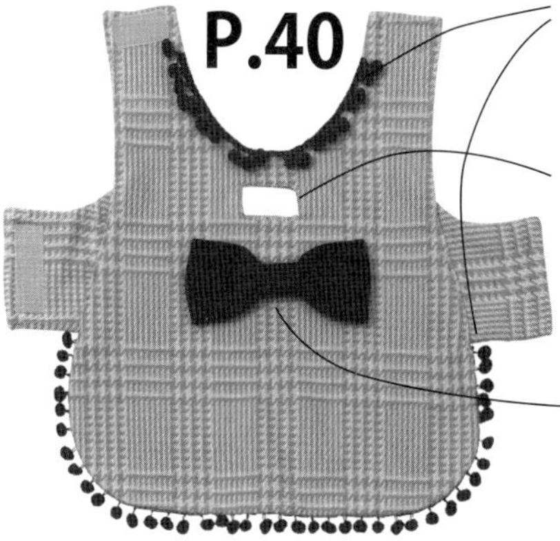

장식 파트 재료

방울 레이스 : M 1m / S 80cm / SS 70cm

자수실(리드 줄 구멍용) 소량

리본 천 : 옷본 2, 가로세로 2cm씩 시접을
더한 사이즈

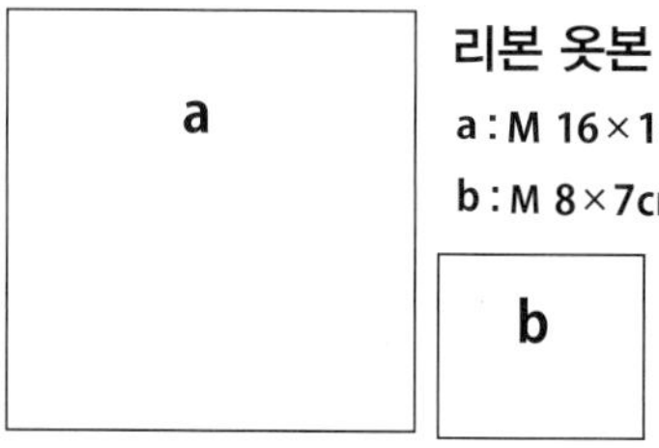

리본 옷본 사이즈

a : M 16×16cm / S 13×13cm / SS 12×12cm
b : M 8×7cm / S 7×6cm / SS 6×5cm

넥타이・리본 만드는 법

시접을 넣어 천을 자른다

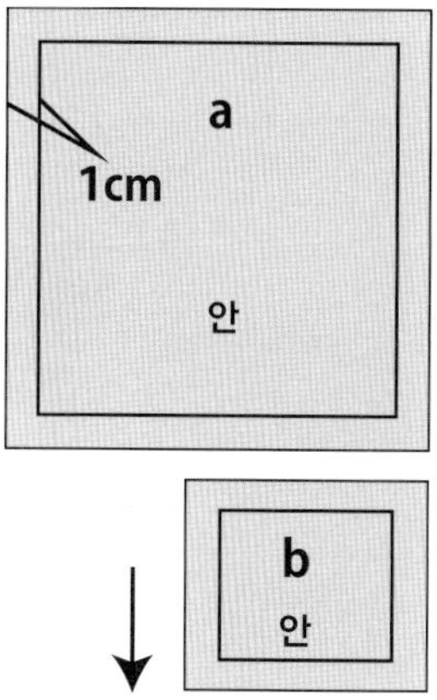

겉끼리 맞닿게 접어
박음질한다

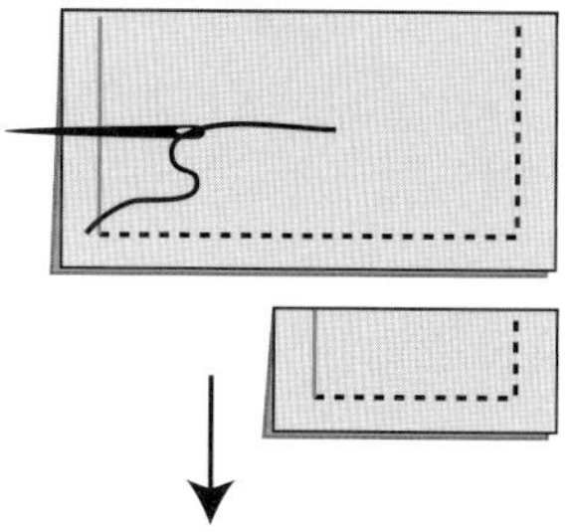

시접을 접는다.
겉으로 뒤집어 휘갑친다

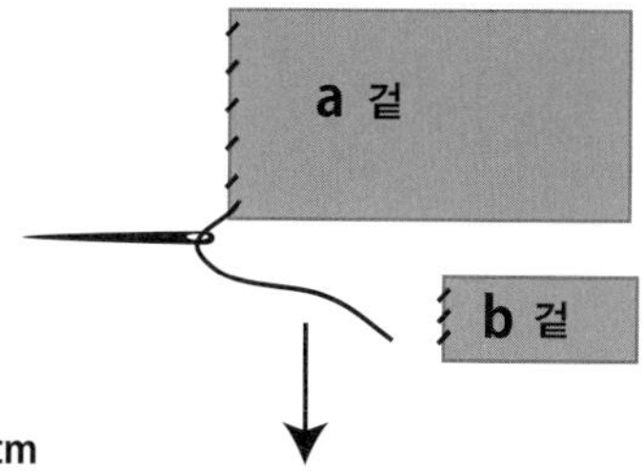

a에 b를 감아서 감침질한다

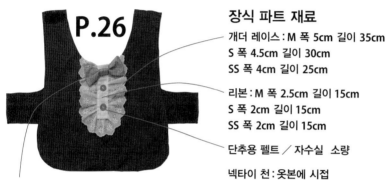

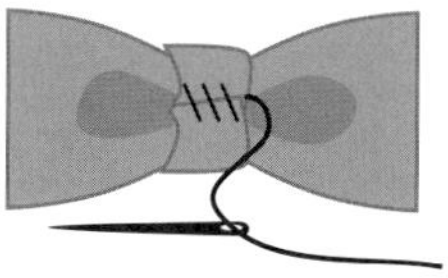

칼라가 포인트! 봄 드레스
장식 파트 옷본 100%

장식 파트 재료 펠트 20cm 사각
넥타이 : 1장
칼라와 꽃 : 6색 각 1장
자수실 소량

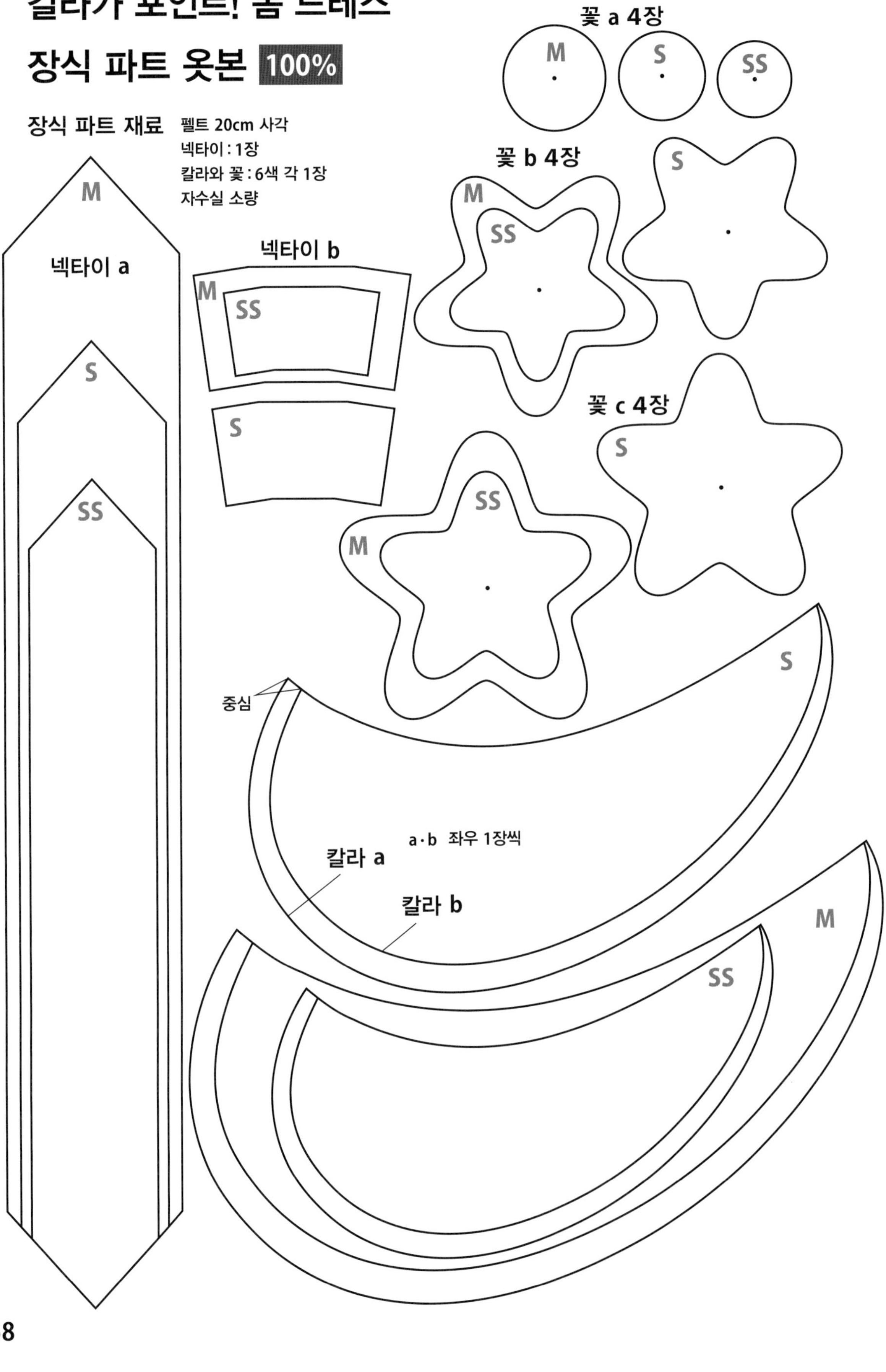

장식 파트 다는 법

칼라 이외의 파트는 모두 시접을 넣지 않고 자른다

칼라 윗부분에 시접을 넣어 자른다

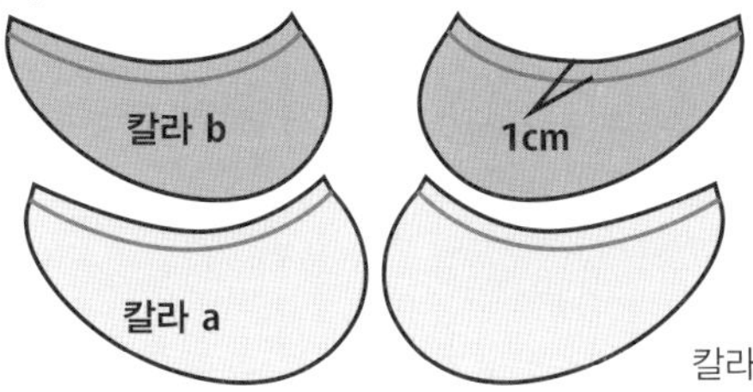

a·b를 겹쳐 윗부분을 임시 고정한다

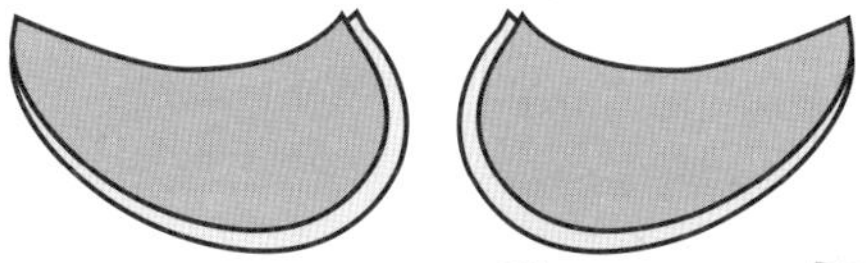

칼라를 몸판에 끼워 박음질한다 ▶ P.23

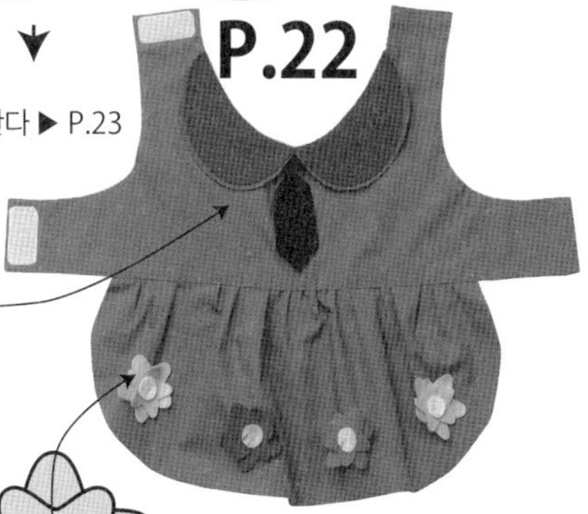

넥타이

a를 반으로 접는다 중심을 접는다 넥타이 **b**를 씌워 고정한다

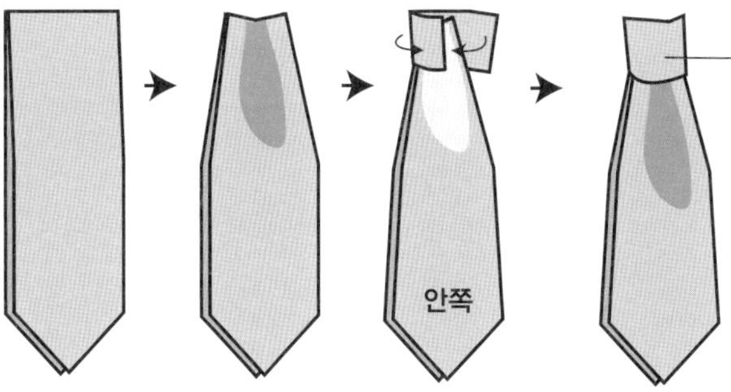

꽃

a·b·c를 겹쳐

자수실로 고정한다

코트 드레스

장식 파트 재료 **펠트 20cm 사각 : 2색 각 1장**

장식 파트 옷본

100%

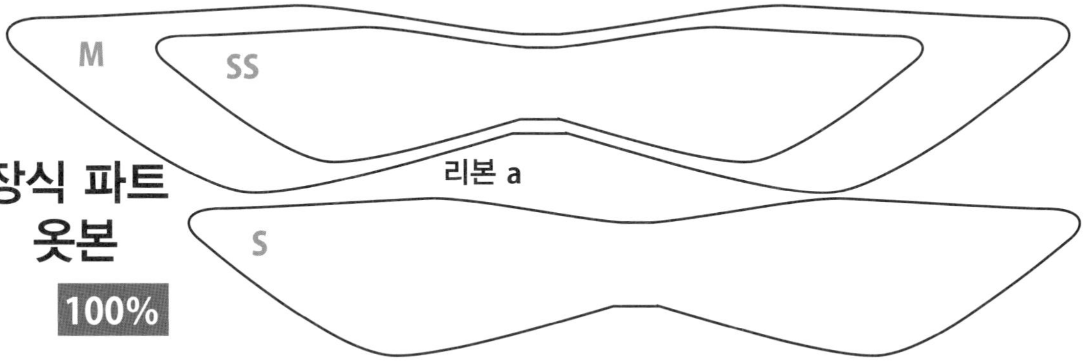

시접을 넣지 않고 파트를 자른다

a를 접는다 **b**를 겹쳐 **c**를 씌워 고정한다

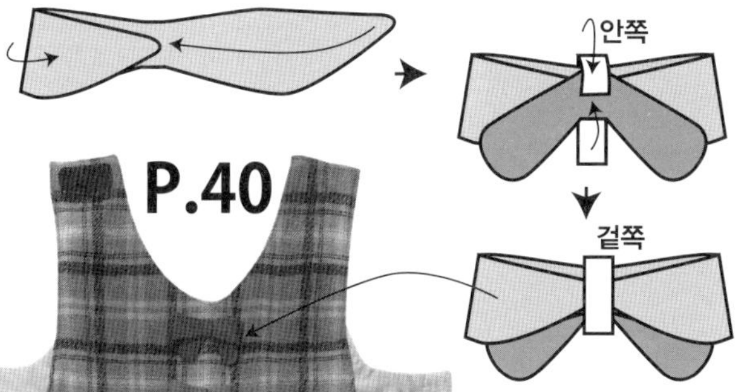

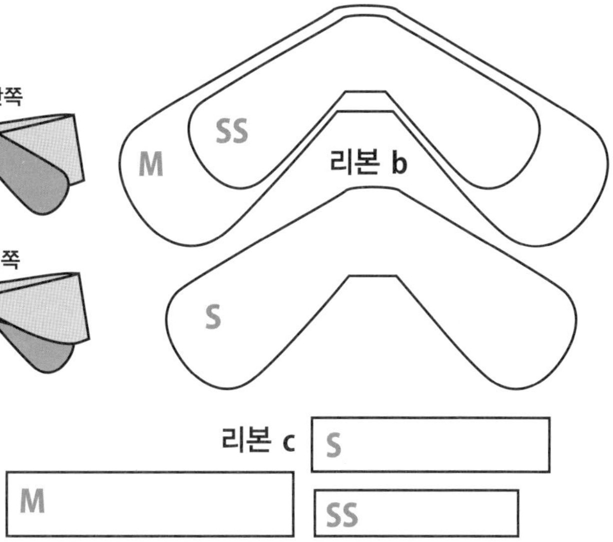

고무줄 벨트 재료 무지나 무늬에 위아래가 없는 경우

A 드레스

천 : M 50×20cm / S 40×20cm
SS 40×20cm

고무줄(12골) :
M 90cm / S 80cm / SS 70cm

B 드레스

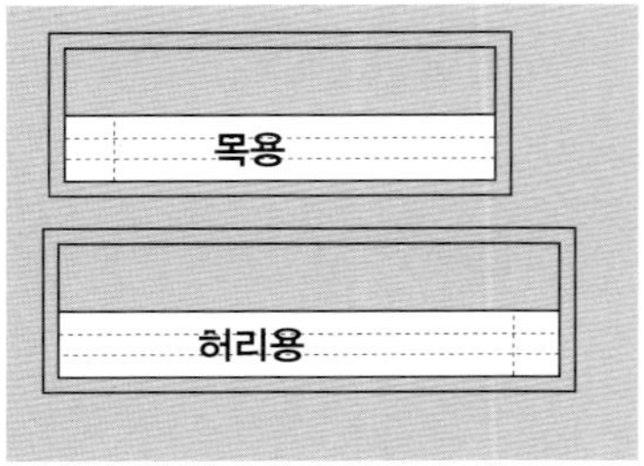

천 : M 40×30cm / S 40×30cm
SS 30×20cm

고무줄(12골) :
M 130cm / S 120cm / SS 110cm

C 드레스 쇼트 기장

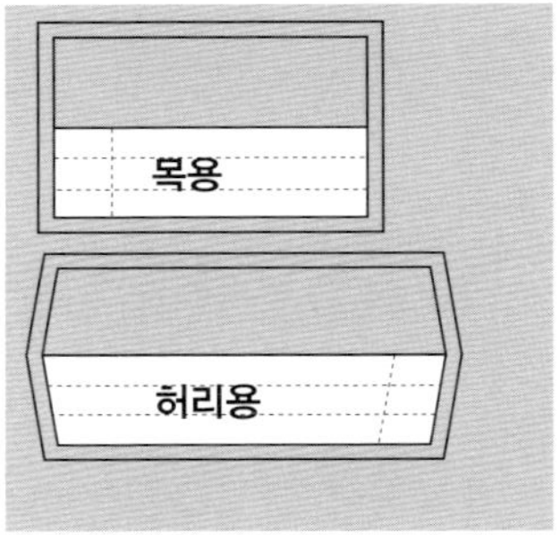

천 : M 30×30cm / S 30×30cm
SS 30×20cm

고무줄(12골) :
M 110cm / S 100cm / SS 90cm

C 드레스 롱 기장

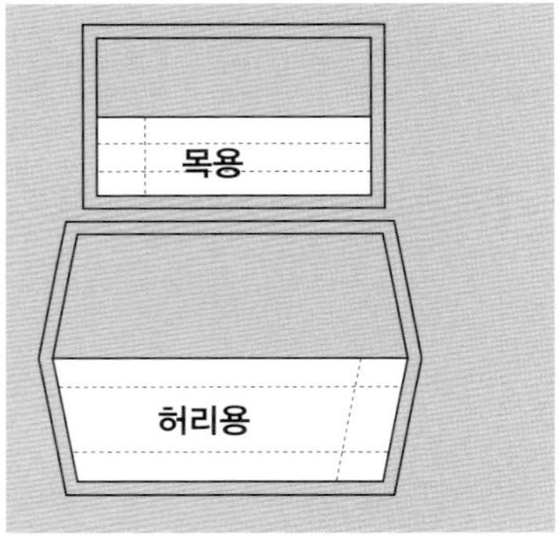

천 : M 40×40cm / S 30×30cm
SS 20×30cm

고무줄(12골) :
M 110cm / S 100cm / SS 90cm

SS 고무줄 벨트 옷본 150%

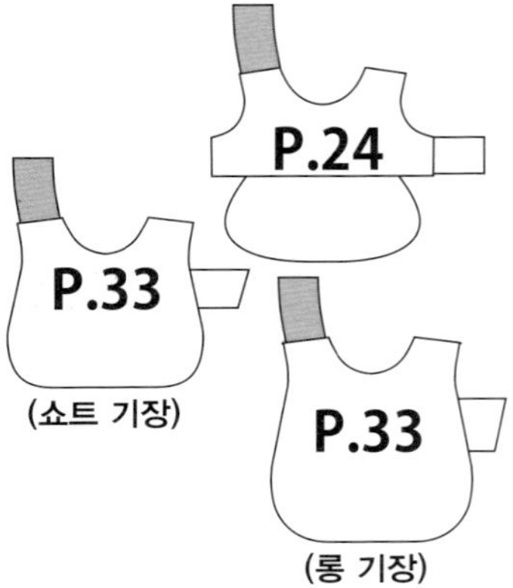

주름을 잡은 뒤의 치수

A·C 드레스 목용

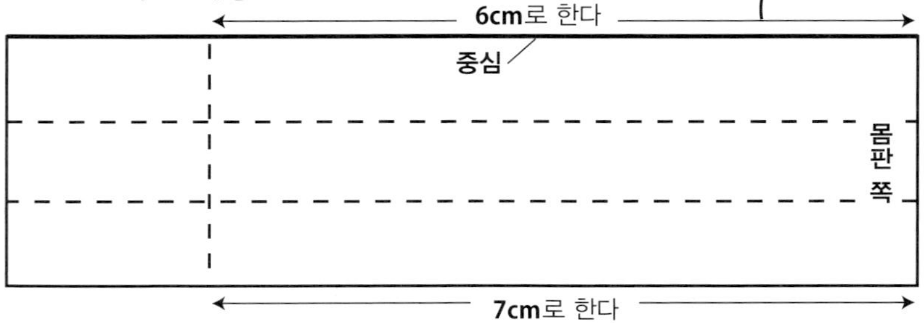

A 드레스 허리용

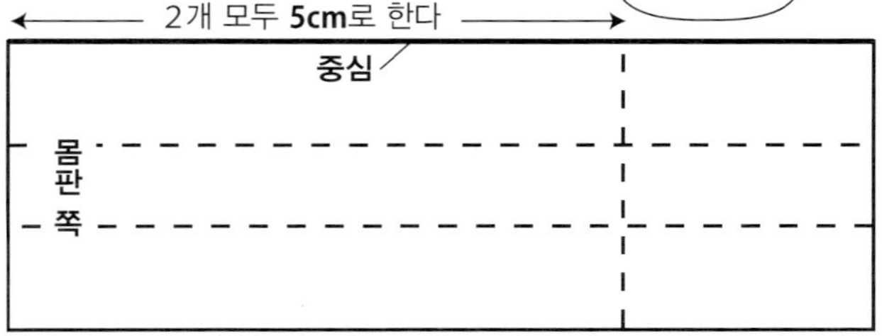

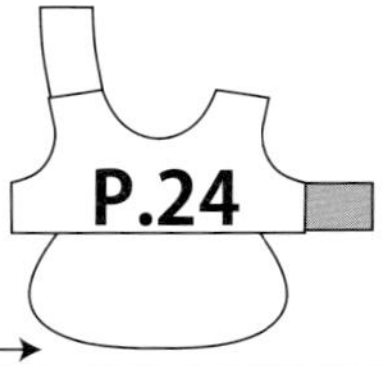

C 드레스 쇼트 기장
허리용

(쇼트 기장)

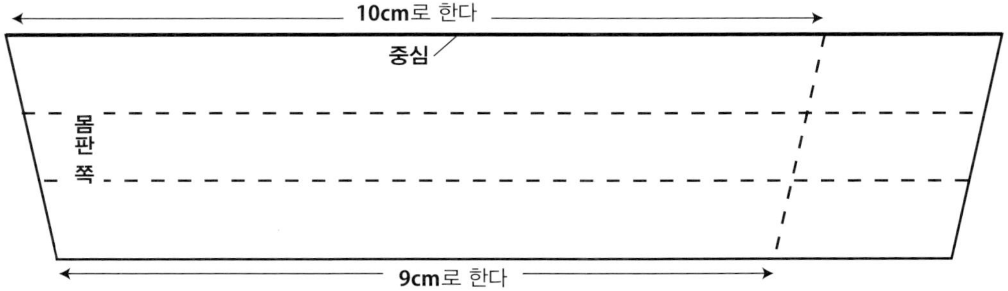

C 드레스 롱 기장
허리용

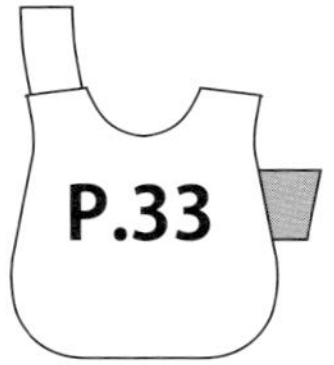

(롱 기장)

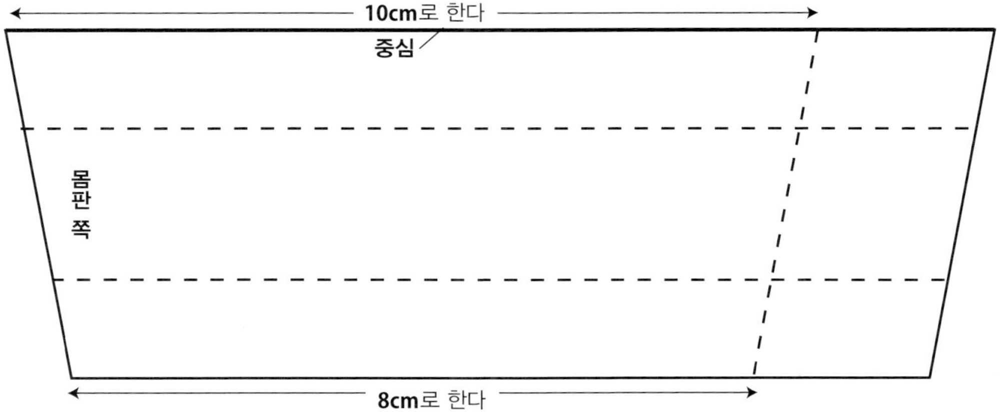

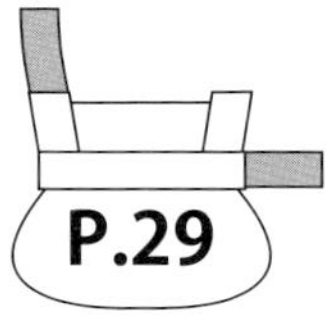

B 드레스 목용

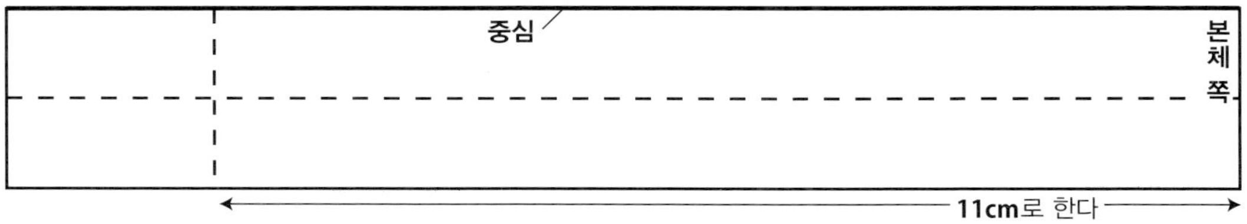

B 드레스 허리용

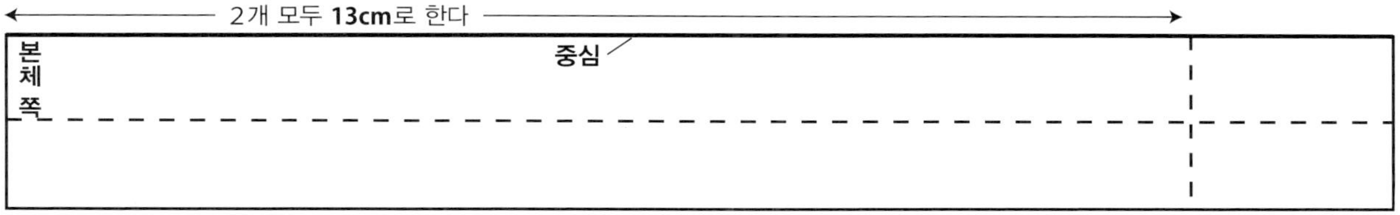

C 드레스 허리 벨트 만드는 법

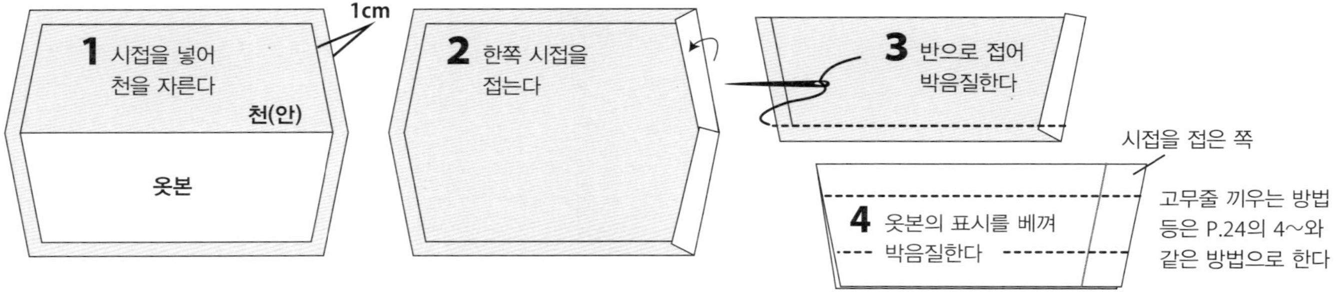

S 고무줄 벨트 옷본 150%

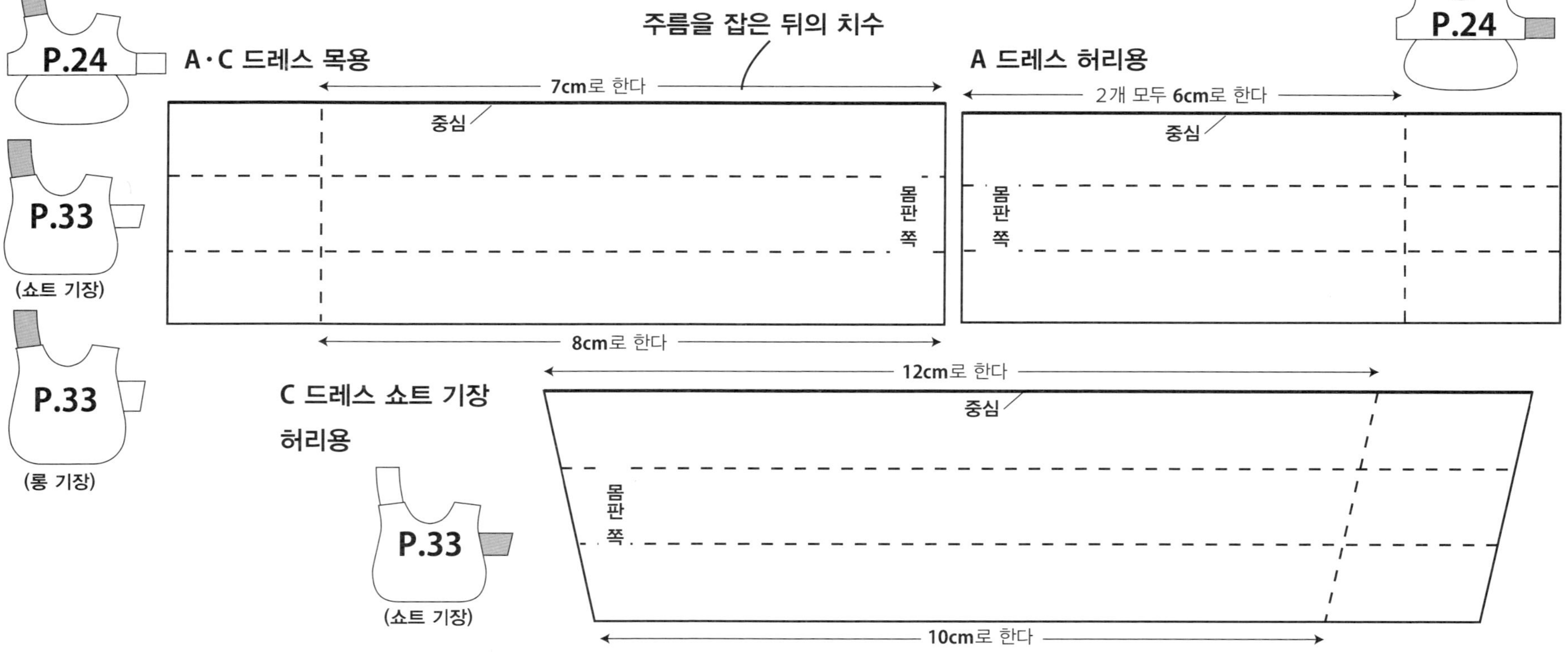

C 드레스 롱 기장
허리용
P.33
(롱 기장)
12cm로 한다
중심
몸판 쪽
10cm로 한다
B 드레스 목용
P.29
11cm로 한다
중심
본체 쪽
12cm로 한다
B 드레스 허리용
2개 모두 15cm로 한다
중심
본체 쪽

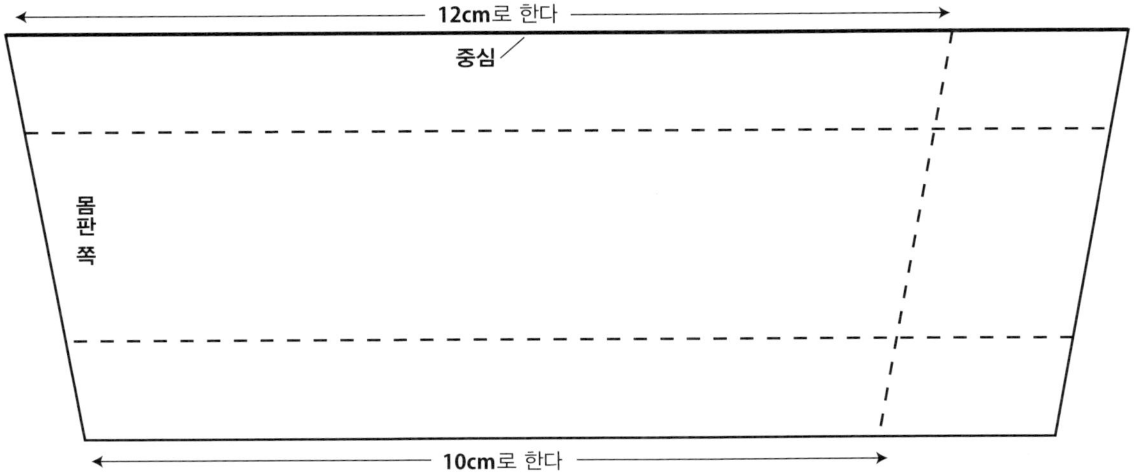

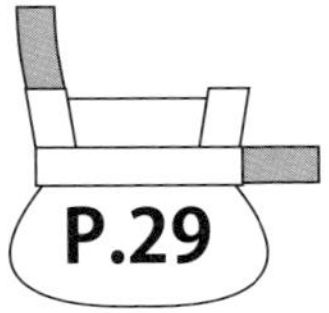

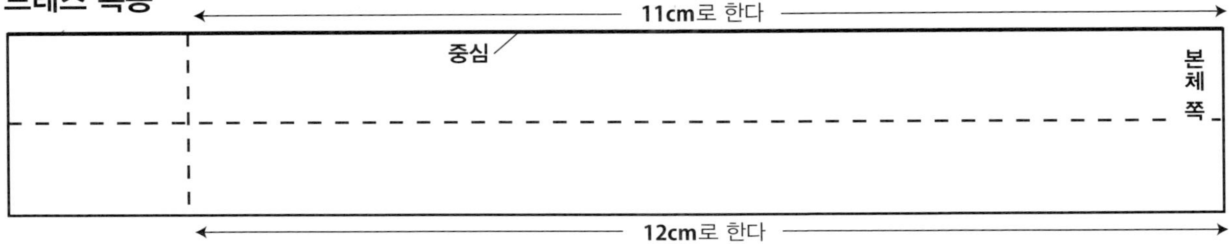

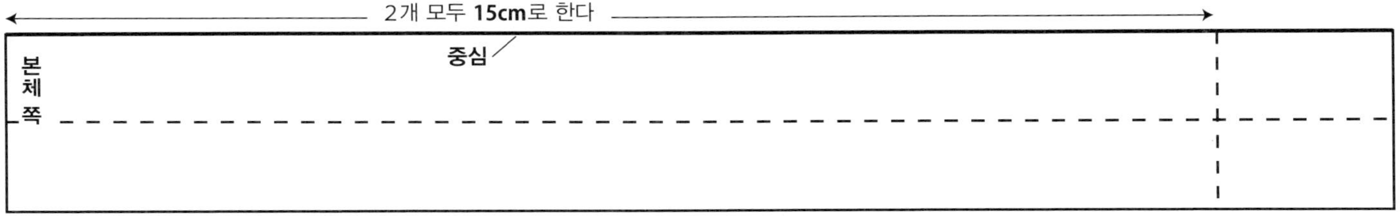

M 고무줄 벨트 옷본

150%

주름을 잡은 뒤의 치수

A·C 드레스 목용

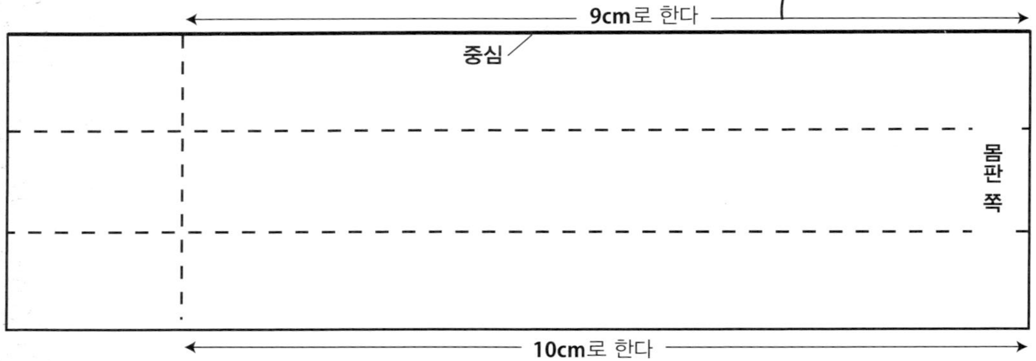

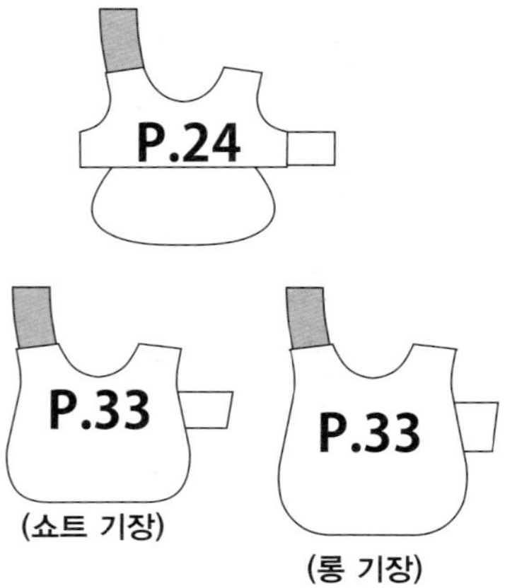

A 드레스 허리용

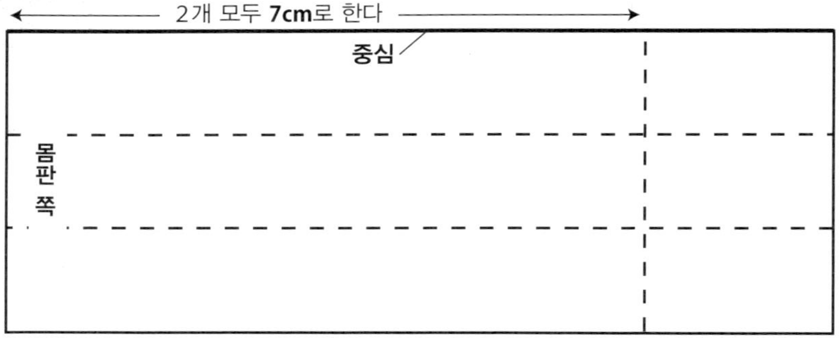

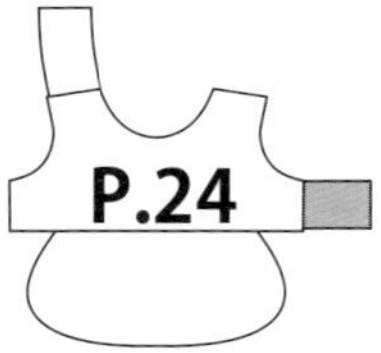

C 드레스 쇼트 기장 허리용

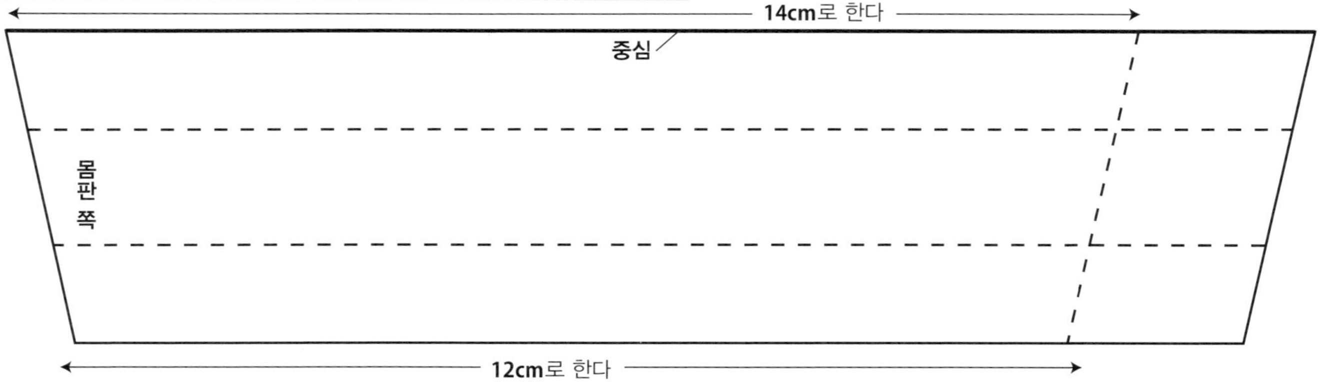

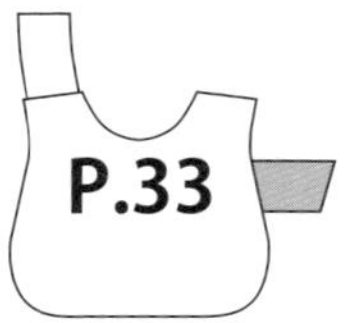

C 드레스 롱 기장
허리용
P.33
(롱 기장)
14cm로 한다
중심
몸판 쪽
12cm로 한다
B 드레스 목용
P.29
14cm로 한다
중심
본체 쪽
15cm로 한다
B 드레스 허리용
2개 모두 18cm로 한다
중심
본체 쪽

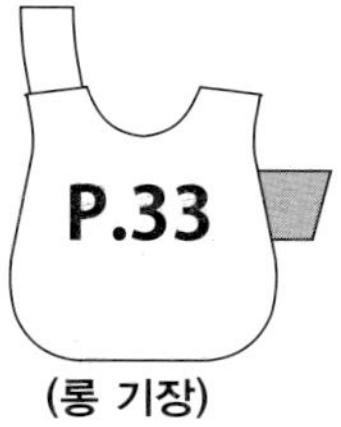

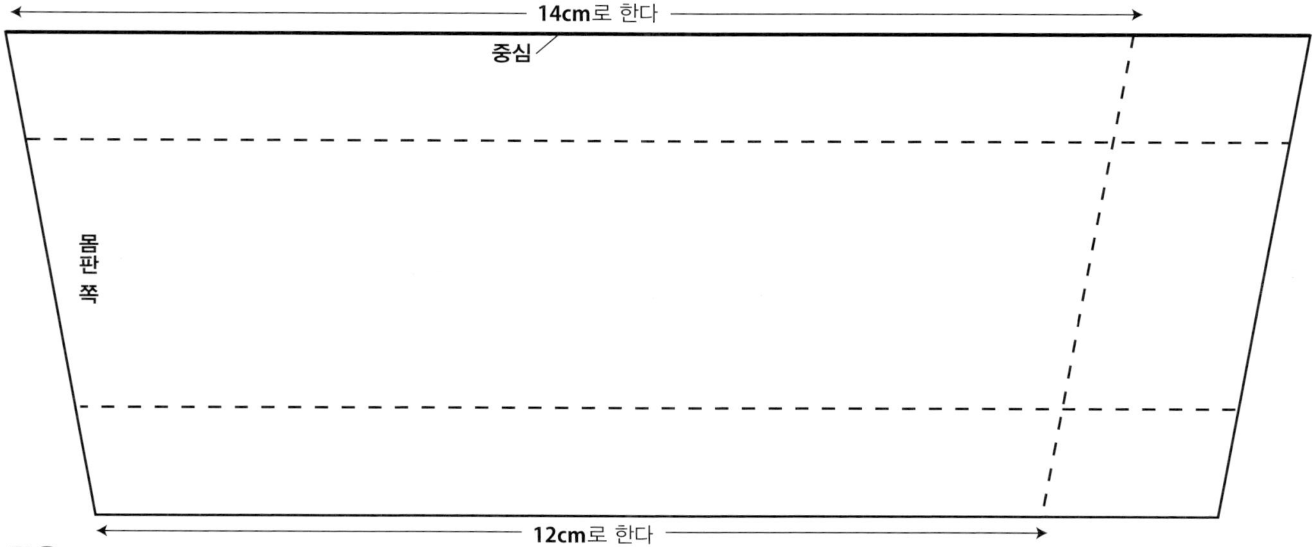

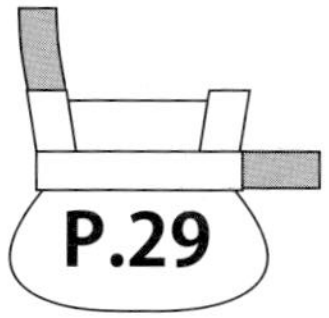

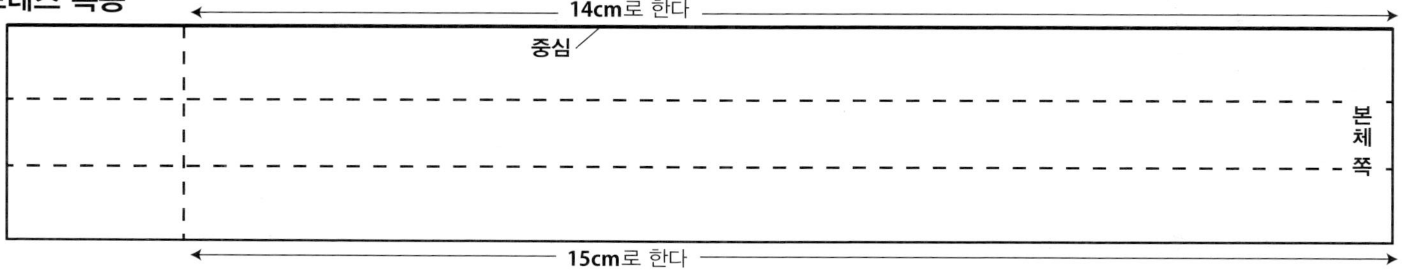

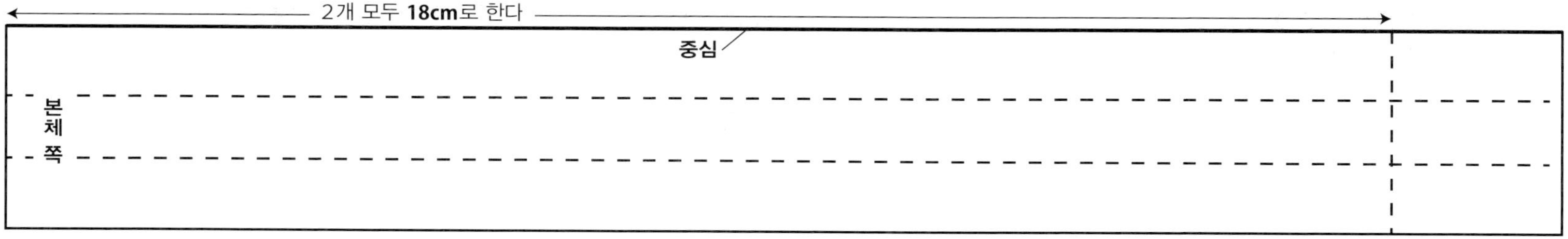

여러 가지 목줄 장식 P.30-31

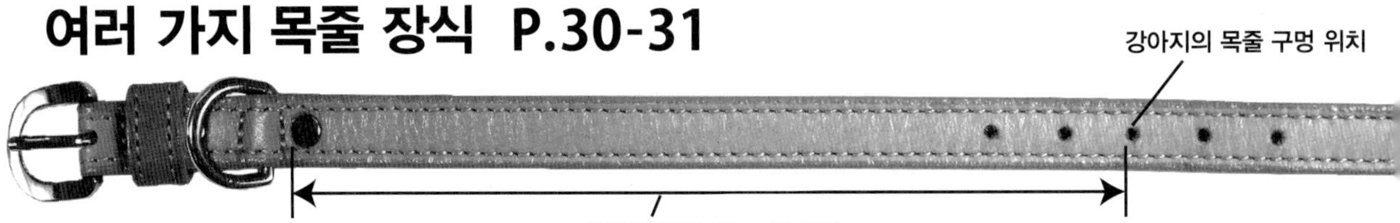

옷본은 길이 10cm의 경우
강아지의 치수÷10cm(옷본의 치수) = 확대율
18cm의 경우 18÷10 = 1.8이므로 180%

벨트 끼우는 폭은 벨트 폭+1cm

넥타이 칼라

강아지에 맞추어 확대·축소

재료 옷본에 자투리 천을 놓고 필요량 확인

넥타이 만드는 법 ▶ P.57

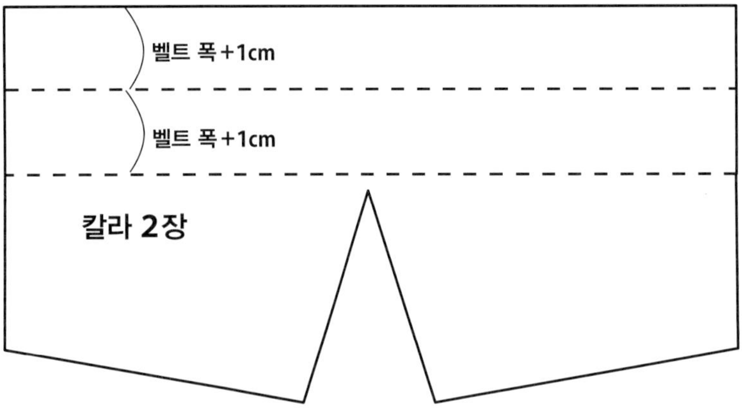

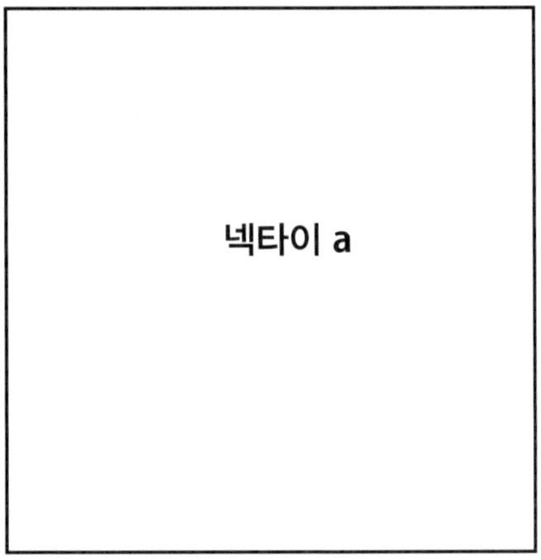

삼각 장식

강아지에 맞추어 확대·축소

재료 천과 리크랙 테이프(진폭 1.3cm) : 옷본에 놓고 필요량 확인

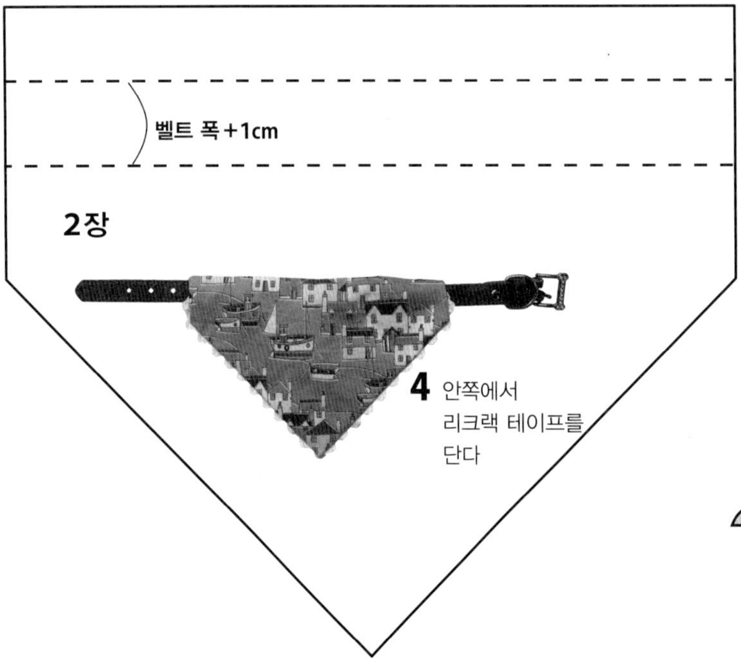

4 안쪽에서 리크랙 테이프를 단다

1 시접을 1cm 넣어 겉감을 자른다

2 안감에 놓는다. 시접을 임시 고정하여 겉감에 맞추어 자른다. 박음질한다

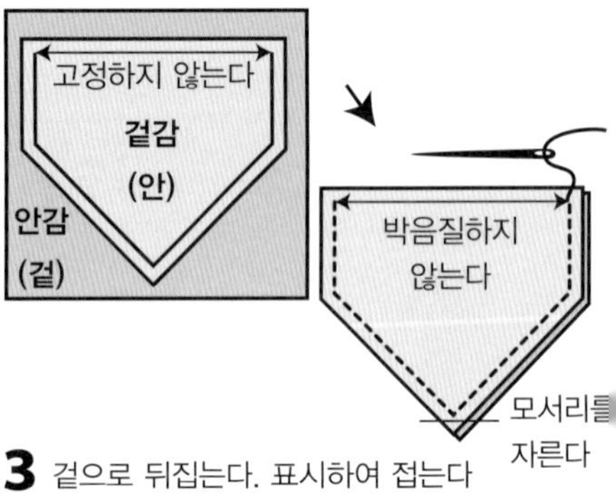

3 겉으로 뒤집는다. 표시하여 접는다

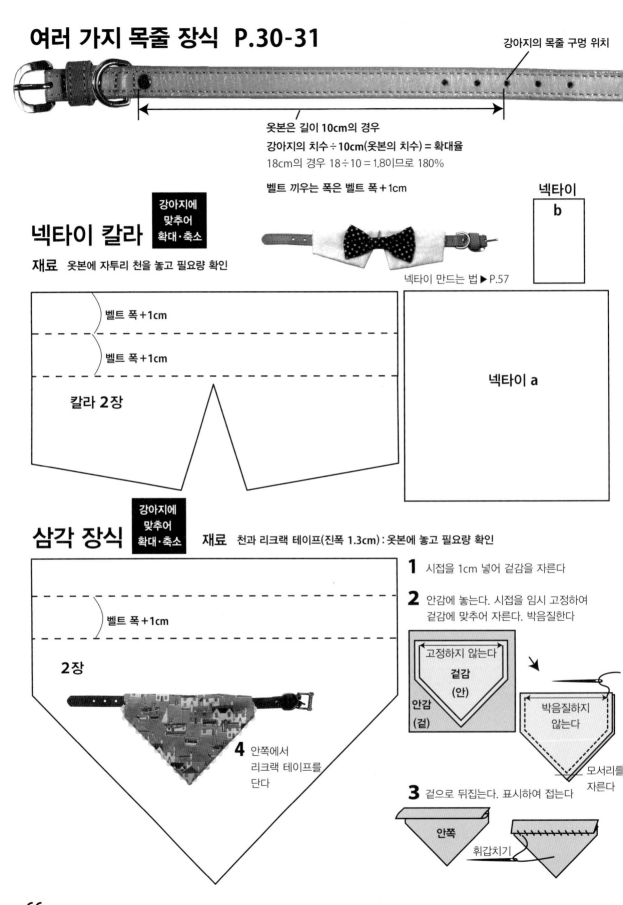

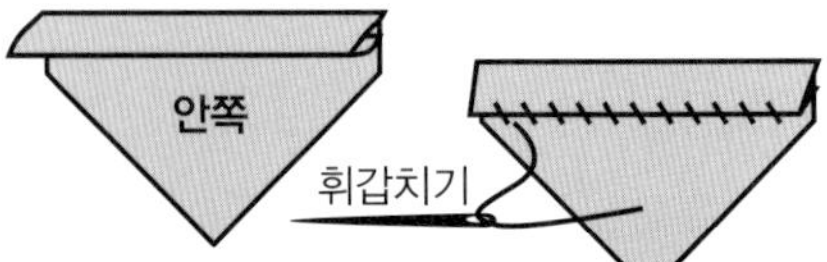

프릴 장식

재료 손수건

강아지에 맞추어 확대·축소

프릴 천 M 45cm 사각 길이 6+1cm(시접)
S 32cm 또는 45cm 사각 길이 5+1cm(시접)
SS 32cm 사각 길이 4.5+1cm(시접)

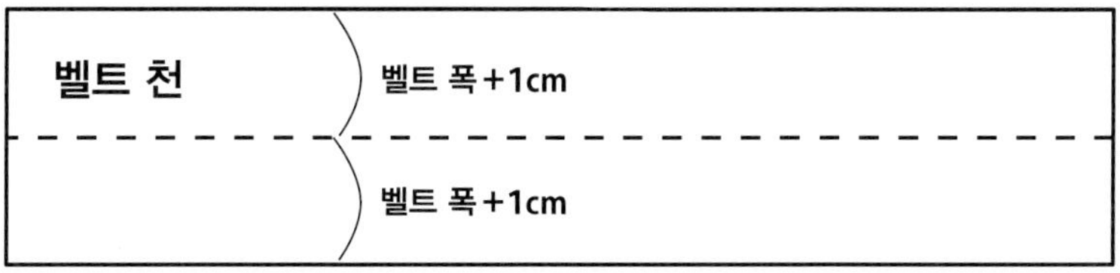

둥근 칼라

재료 칼라 천 : M 50×30cm ／ S·SS 40×30cm
리본 : 폭 1.5cm 길이 1m(강아지 등에서 나비 리본으로 묶고 여분을 자른다)
가장자리 장식 : 개더 레이스 M 폭 2.5cm ／ S·SS 폭 2cm 또는
리크랙 테이프 M 진폭 1.6cm ／ S·SS 진폭 1.3cm
각각 길이 M 40cm ／ S·SS 30cm
펠트 : 20cm 사각 1장 겉감에 가까운 색을 고른다

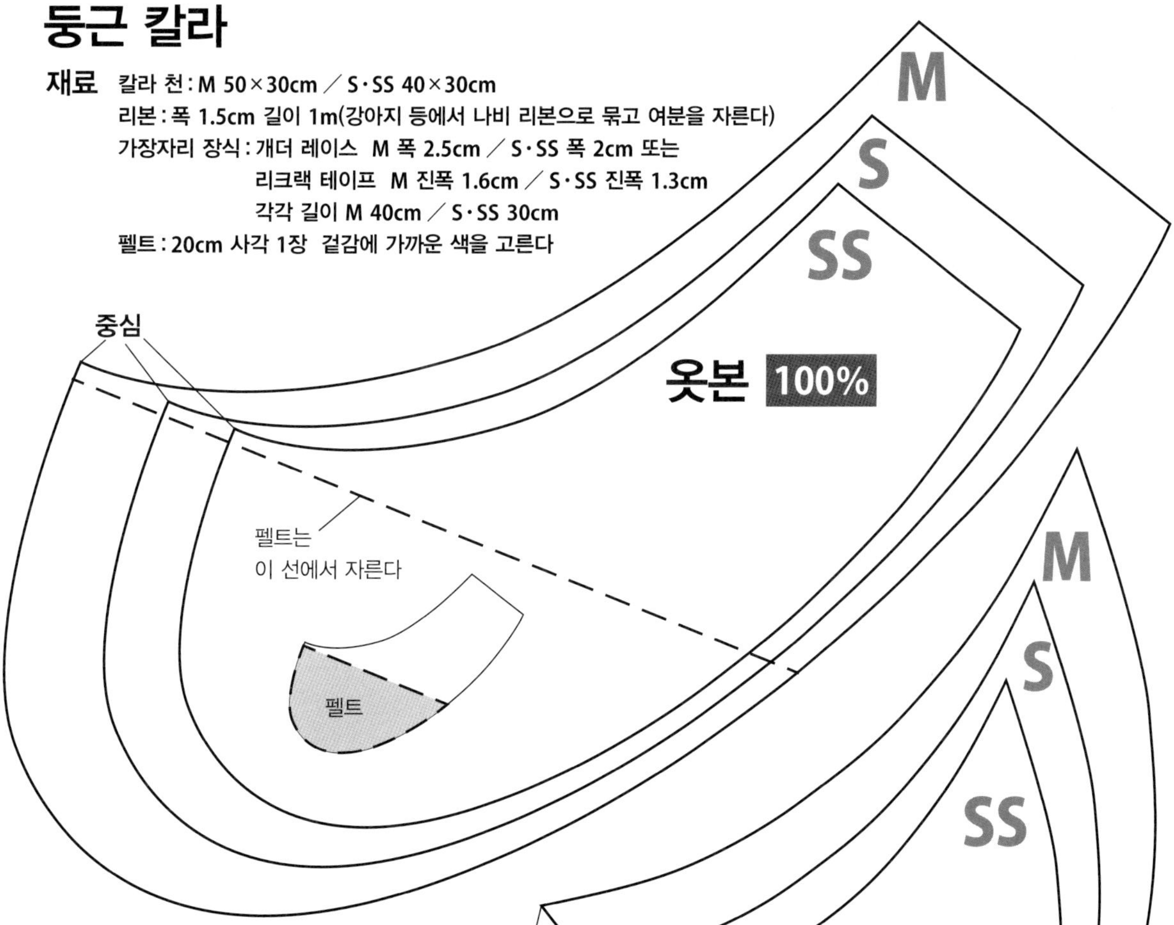

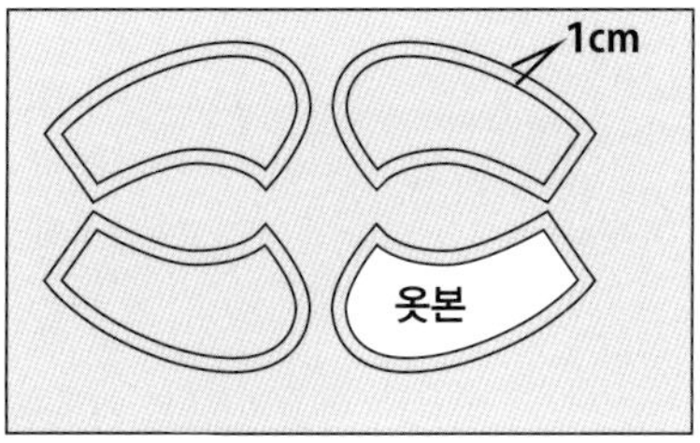

삼각 칼라

재료 칼라 천 : 30×30cm
리본 : 폭 1~1.5cm 길이 1m
(강아지 등에서 나비 리본으로 묶고 여분을 자른다)
펠트 : 20cm 사각 1장 겉감에 가까운 색을 고른다

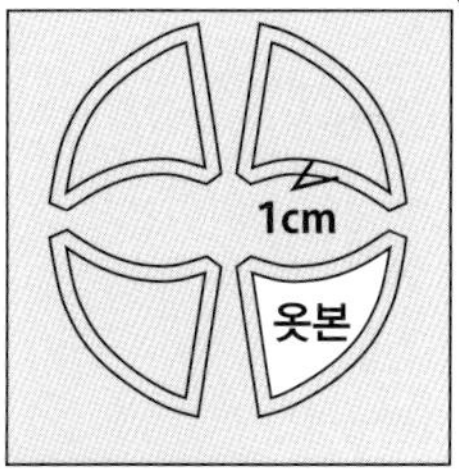

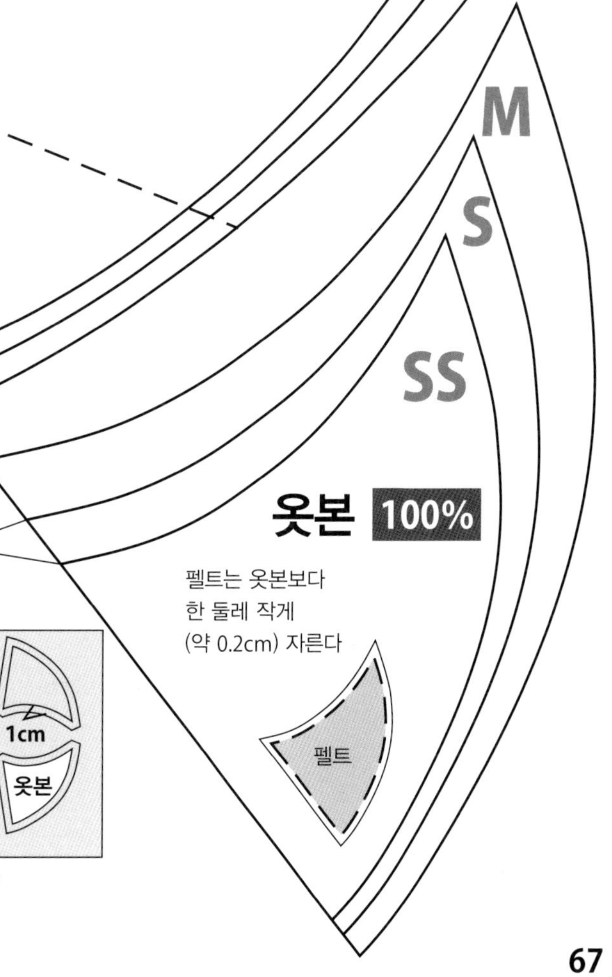

버섯 쇼트 코트

본체 재료 ▶ **폭이 넓은 펠트 P.53 C 드레스 쇼트 기장과 같은 사이즈**

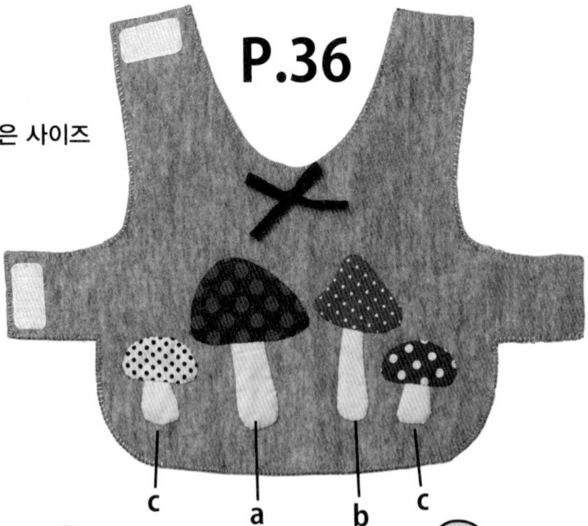

사진을 보고 배치

본체와 벨트 옷본을 나란히 표시를 맞추어 놓고 베낀다.
시접을 넣지 않고 천을 자른다

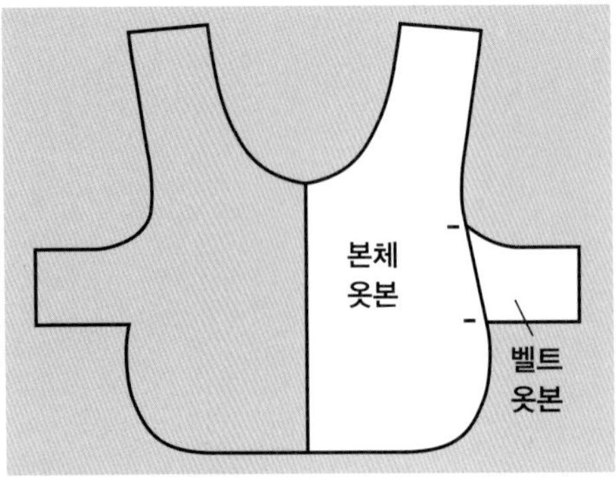

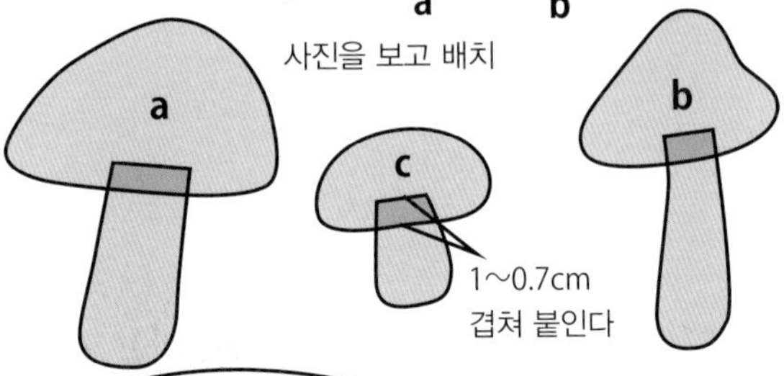

장식 파트 재료

면·프린트와 무지의 자투리 천 몇 종류
접착심지 : 20×20cm ／ 세일러 테이프 : 50cm

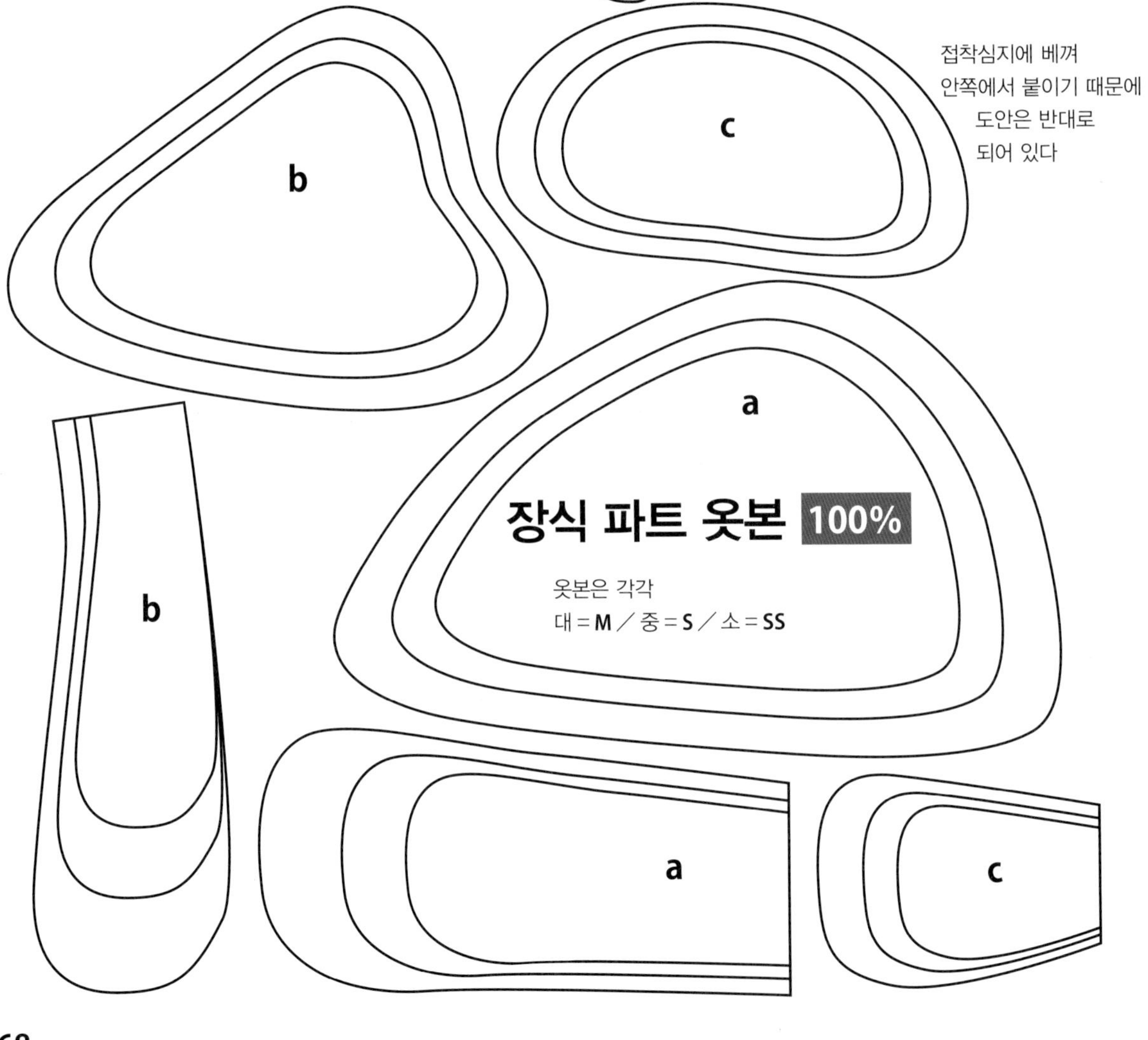

펠트 하니스 장식 옷본

옷본을 베낀다

종이에 옷본을 베껴 자른다. 천에 놓고 따라 그린다

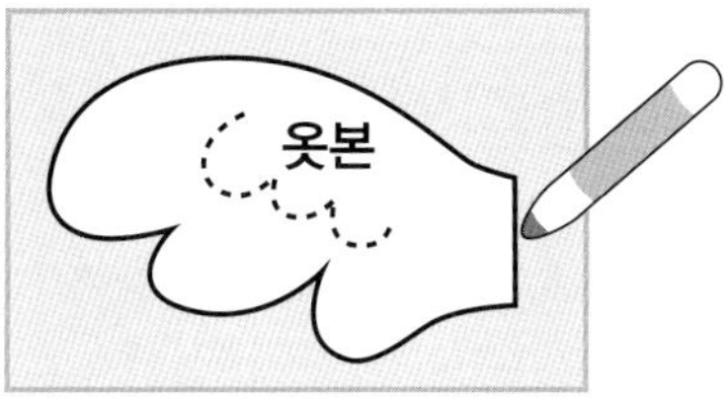

자수 도안을 베낀다

옷본을 도안 위치에서 자른다. 천에 놓고 따라 그린다

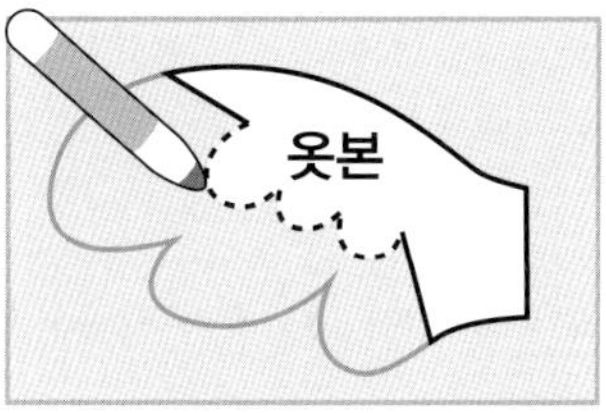

옷본
100%

날개

P.38

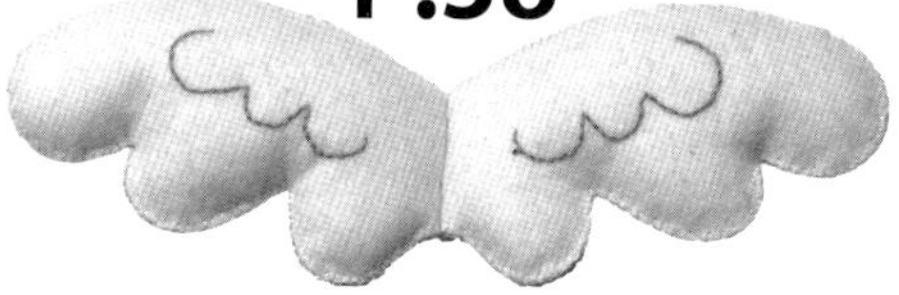

재료 펠트(20cm 사각) : M 2장 ／ S·SS 1장
고무줄 : 6골 15~20cm ／ 솜 소량 ／ 자수실 1가닥

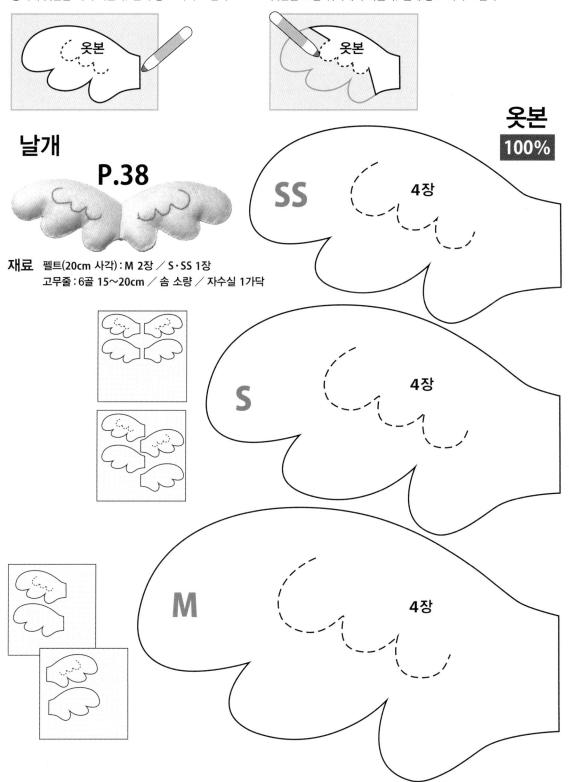

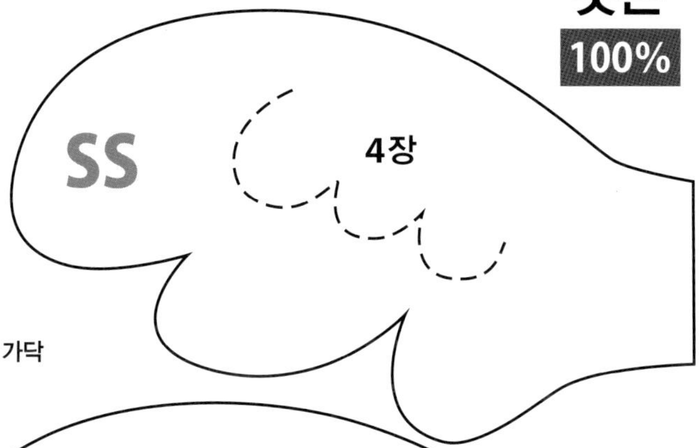

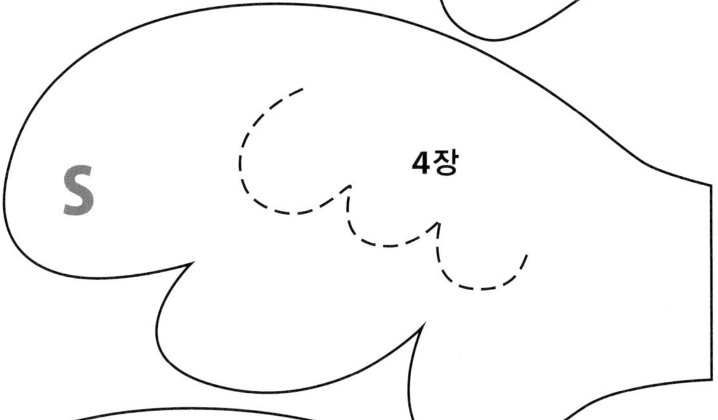

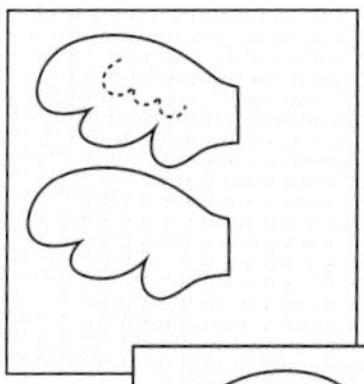

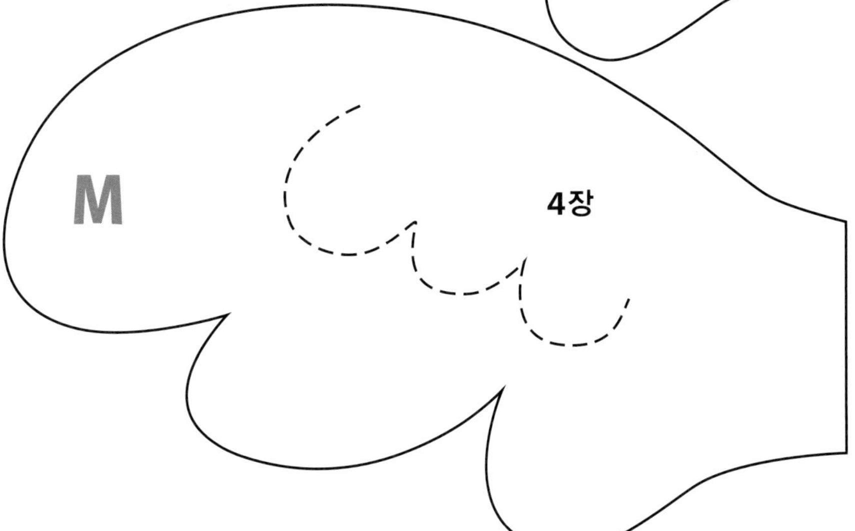

하트 P.39

재료
펠트(20cm 사각) 2색 각 1장
끈 4~5cm ／ 고무줄 6골 15~20cm
솜 소량 ／ 자수실 2색 각 1가닥

옷본을 베낀다 ▶ P.67

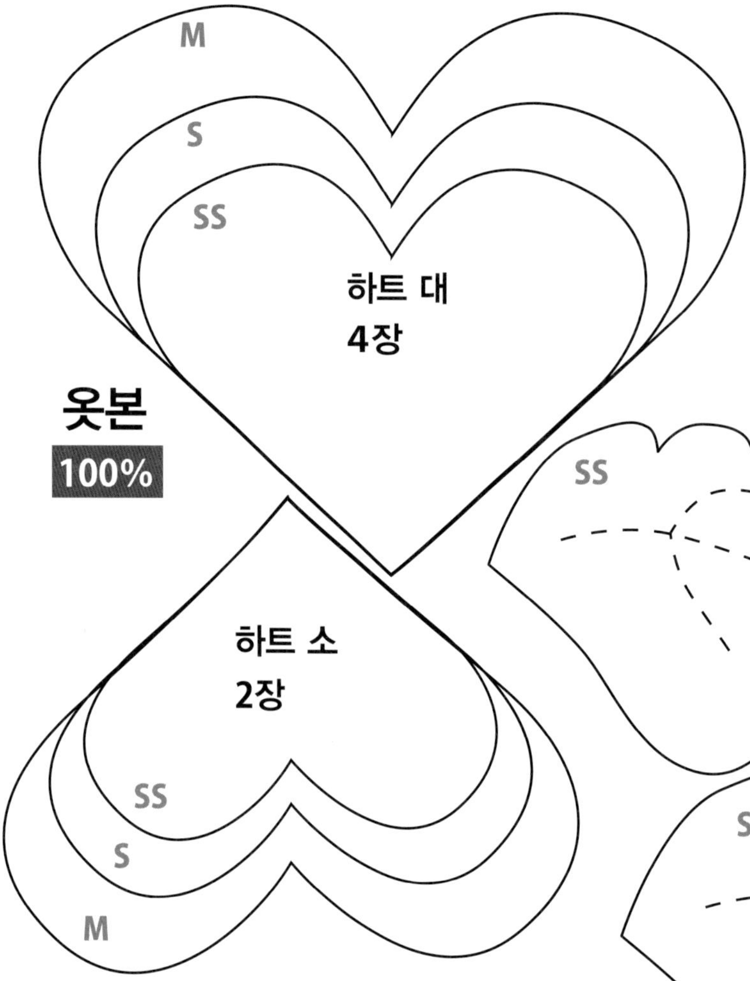

옷본
100%

자수 도안을 베낀다

트레이싱페이퍼에 도안을 연필로 베낀다

안쪽으로 뒤집어 천에 놓고 끝이 둥근 것으로 문지른다

반대 방향은 트레이싱페이퍼의 안쪽에서 다시 한번 도안을 덧그려 안쪽으로 뒤집은 뒤 천에 놓고 문지른다

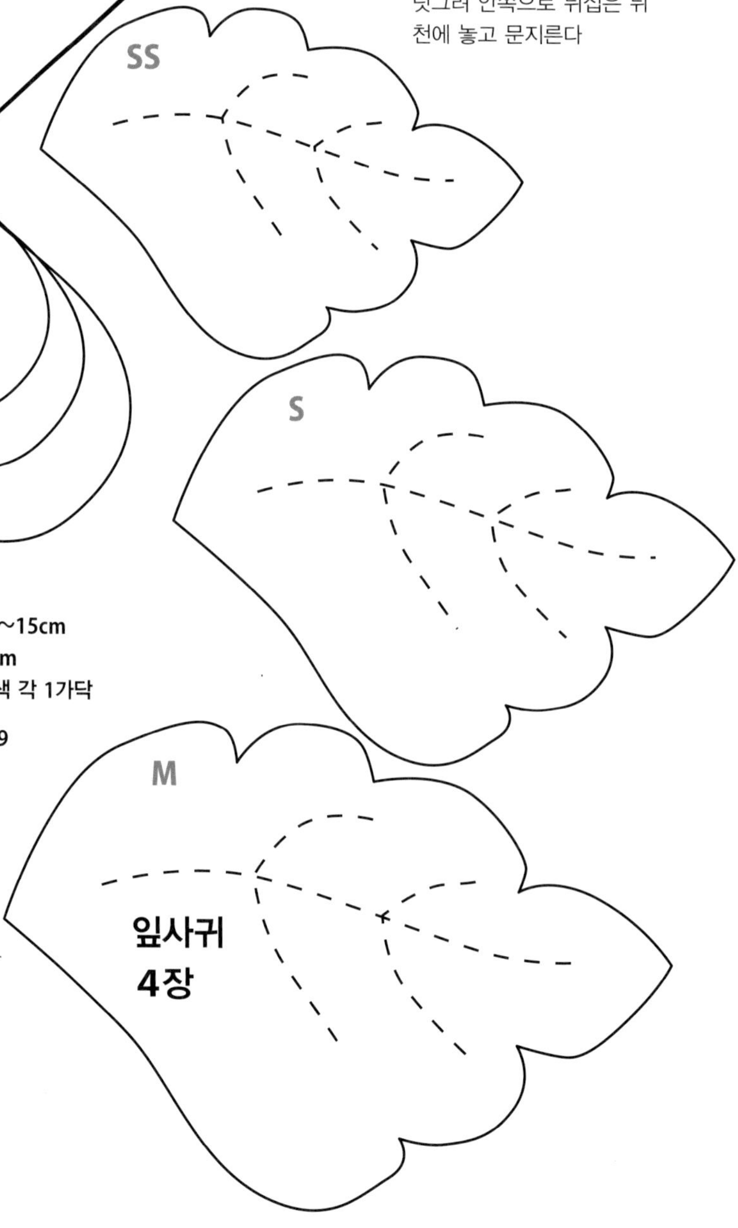

딸기 P.39

재료 펠트(20cm 사각)
2색 각 1장 ／ 끈 10~15cm
고무줄 6골 15~20cm
솜 소량 ／ 자수실 2색 각 1가닥

옷본을 베낀다 ▶ P.69

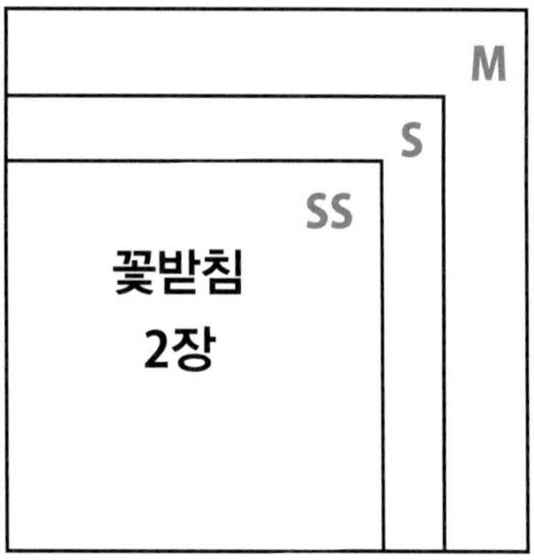

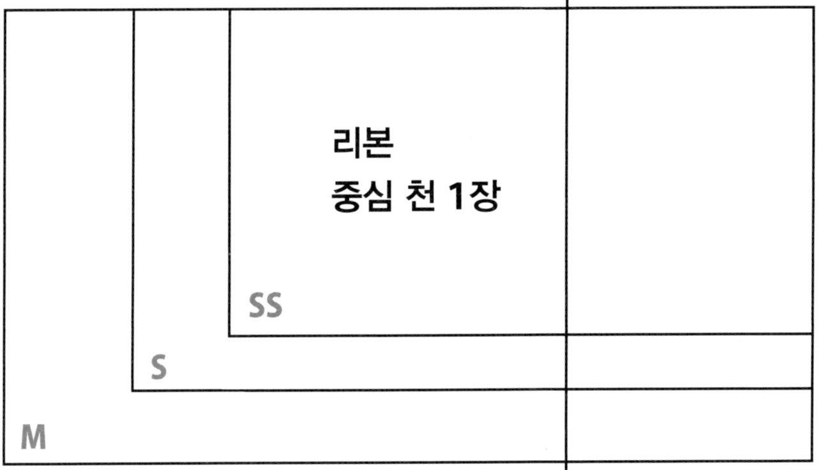

리본 P.38

재료

펠트(20cm 사각) : 3색 각 1장
고무줄 6골 15~20cm
솜 소량 ／ 자수실 2색 각 1가닥

옷본을 베낀다 ▶ P.69

옷본
100%

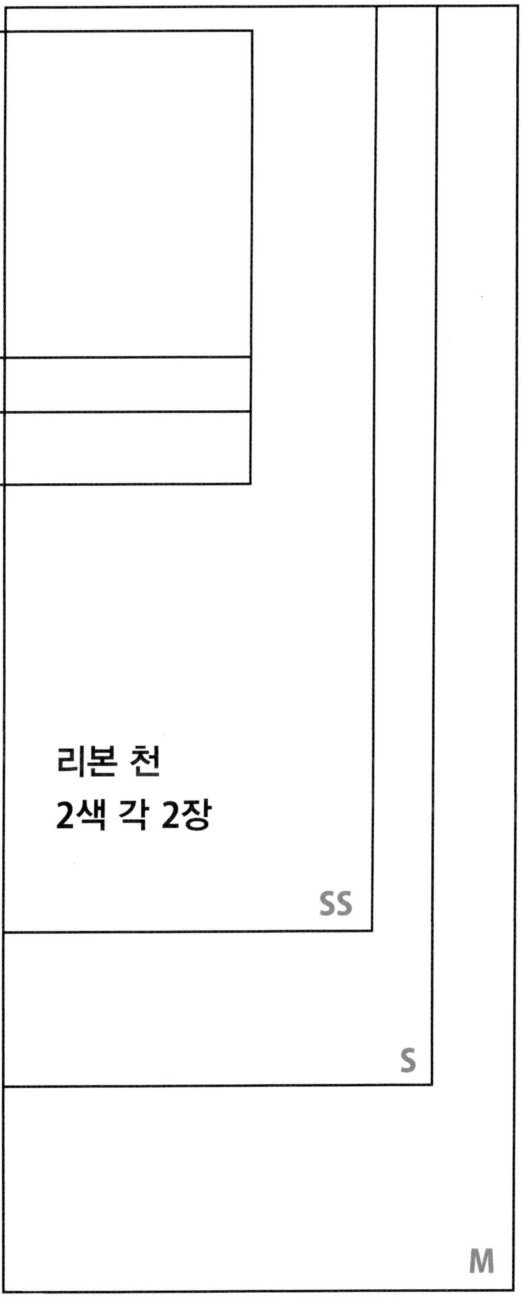

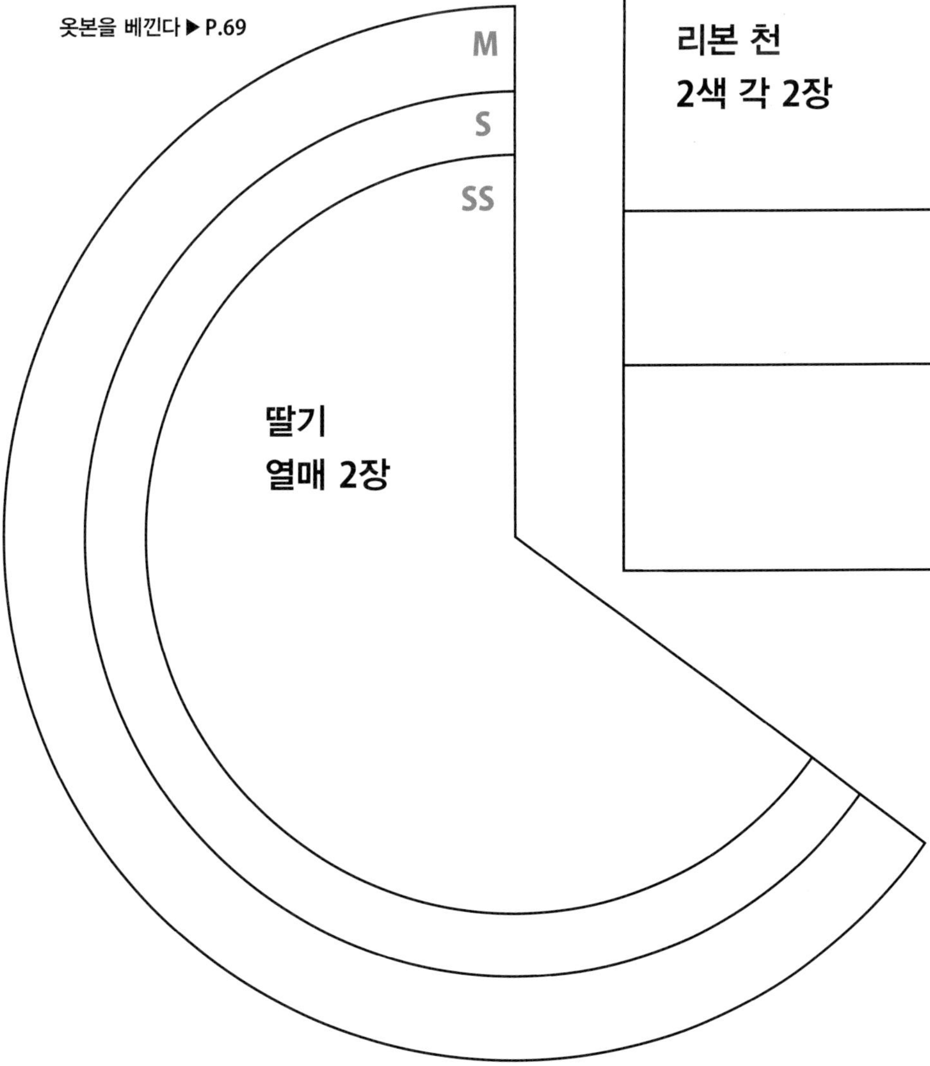

핼러윈 드레스

재료 케이프와 눈 코 입 : 두꺼운 펠트 2mm 두께(50×55cm 사각) 1장
스커트 : 일반 펠트 M 55×25cm / S 45×20cm / SS 40×20cm
벨트 : 일반 펠트 아래 그림 사이즈
벨크로 테이프 : 2.5×20cm 1줄

케이프

각각 시접을 넣지 않고 자른다

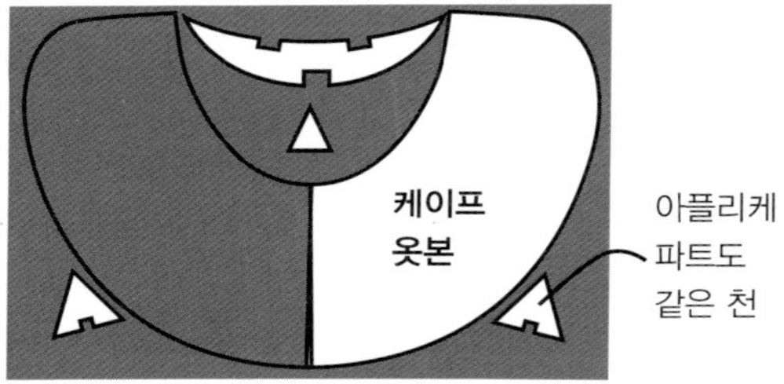

스커트

시접을 넣어 자른다. 윗부분은 넣지 않는다

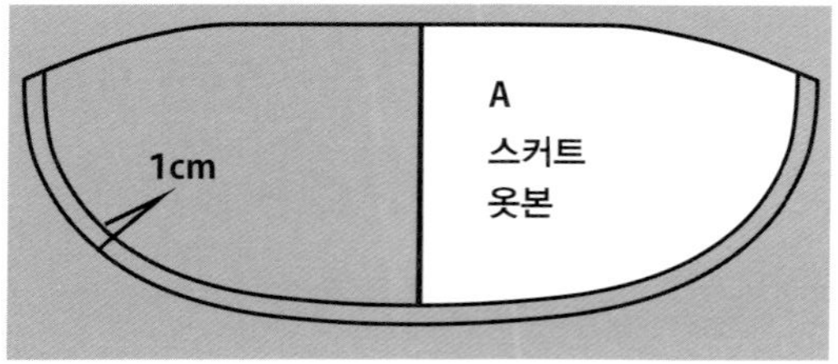

벨트

폭 M 7cm / S 6cm / SS 5cm
길이 강아지 가슴둘레+1.5cm(벨크로 테이프 분량)
짧은 천은 중심에서 잇는다

장식 파트의 배치

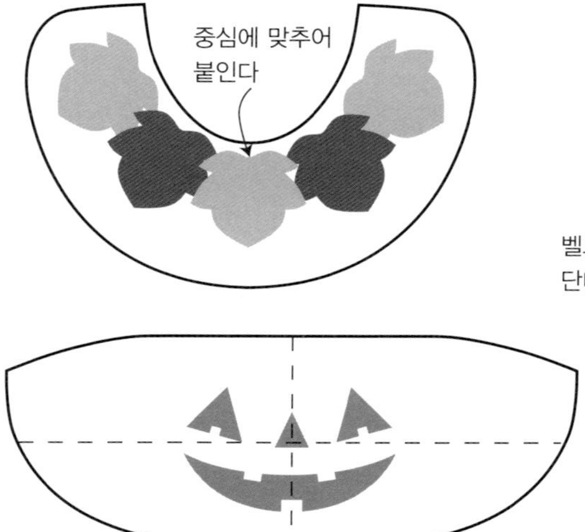

위아래, 좌우의 중심에 코를 붙인 뒤
다른 파트를 배치한다

조합 그림

벨트는 케이프 옷본 P.75의
테이프 위치 높이에 임시 고정하고,
강아지에게 입혀서 확인한 뒤 박음질한다

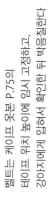

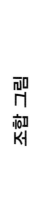

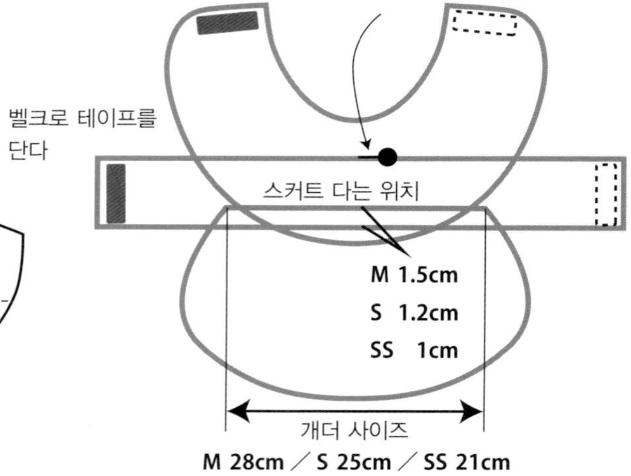

장식 파트 옷본 100%

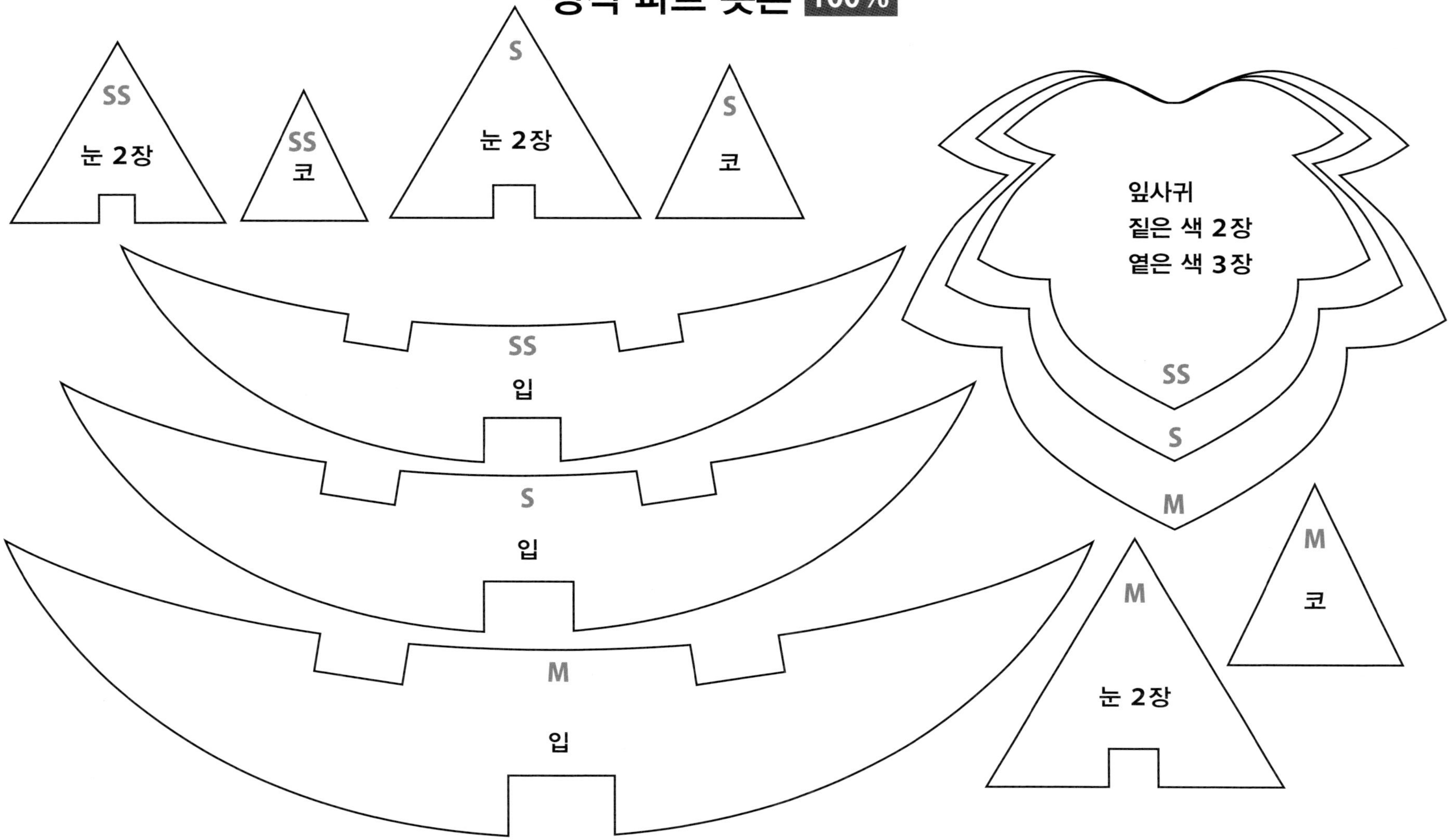
SS
눈 2장
SS
코
S
눈 2장
S
코
잎사귀
짙은 색 2장
옅은 색 3장
SS
S
M
SS
입
S
입
M
입
M
눈 2장
M
코

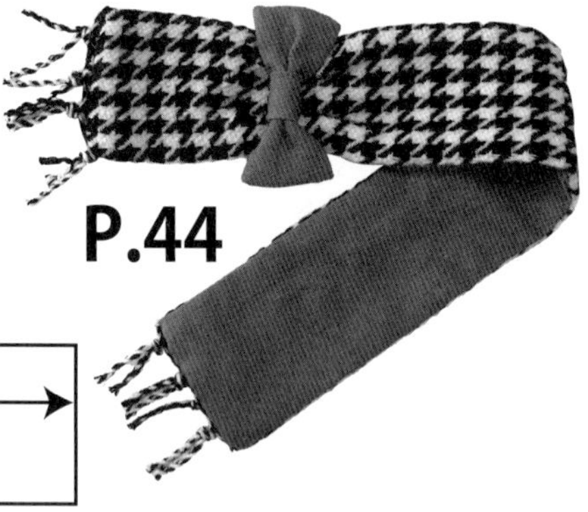
P.44

머플러

재료 겉감 : 머플러 옷본에 1cm의 시접을 넣는다
안감 : 겉감과 같은 사이즈의 울
리본 : 옷본에 2cm의 시접을 넣은 사이즈

리본 만드는 법 ▶ P.57

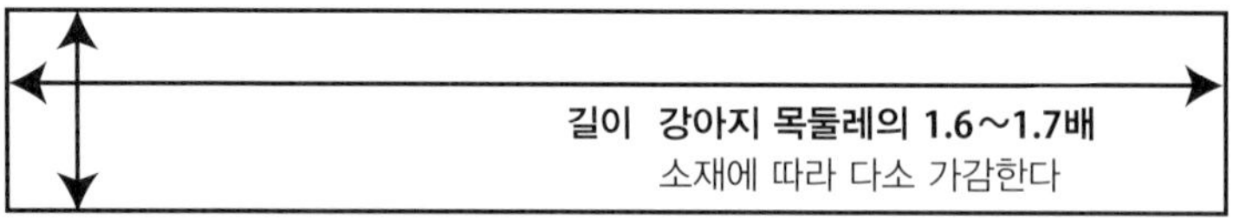
길이 강아지 목둘레의 1.6~1.7배
소재에 따라 다소 가감한다

폭 M 8cm ／ S 7cm ／ SS 6cm

리본 a

M 10×10cm
S 8.5×8.5cm
SS 7×7cm

리본 b

M 6×5cm
S 5×4cm
SS 4.5×3.5cm

케이프

재료

칼라와 케이프 천 : 강아지 사이즈의 옷본에 맞춘다

벨트 : 폭 2cm의 리본이나 테이프
길이 강아지 가슴둘레+2cm(겹침 분량)+2cm(시접 분량)

파이핑용 펠트 :
M·S 폭 1cm ／ SS 폭 0.7cm 길이 70cm×(P.75의 확대·축소 비율)
길게 자를 수 없는 경우 중간에서 이어 사용한다

리본용 펠트 : 20cm 사각 1장
단추용 펠트 : 소량
자수실 : 소량

벨크로 테이프 : 2×20cm 1줄
벨트용 폭 2cm 길이 2cm
케이프 본체용은 옷본의 크기로 자른다

칼라 소재 : 울·무지

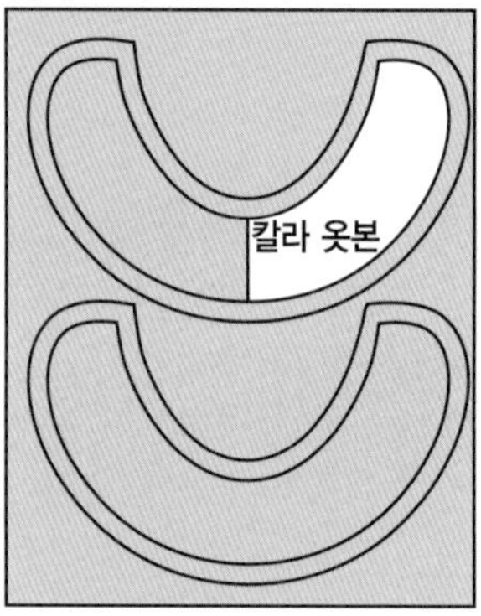
칼라 옷본

케이프 소재 : 펠트

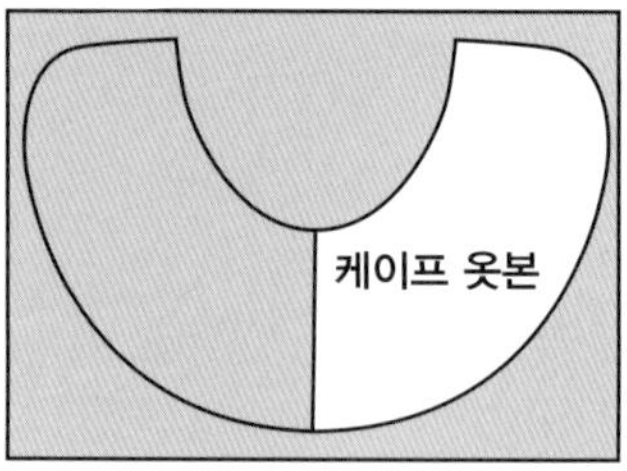
케이프 옷본

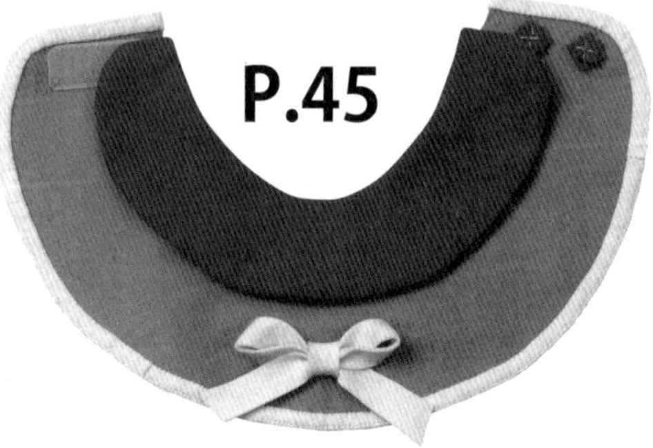
P.45

리본 만드는 법

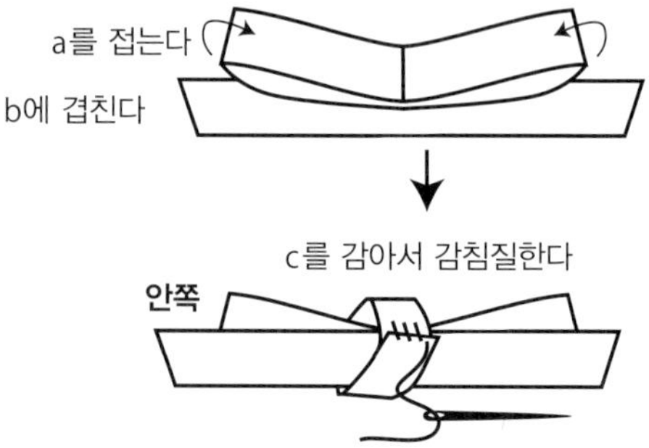
a를 접는다
b에 겹친다
c를 감아서 감침질한다
안쪽

케이프 옷본

강아지에 맞추어 확대·축소

강아지 목둘레 ÷ 22cm(옷본의 목둘레) = 확대·축소 비율

목둘레 31cm의 경우 31 ÷ 22 = 1.41 이므로 141%

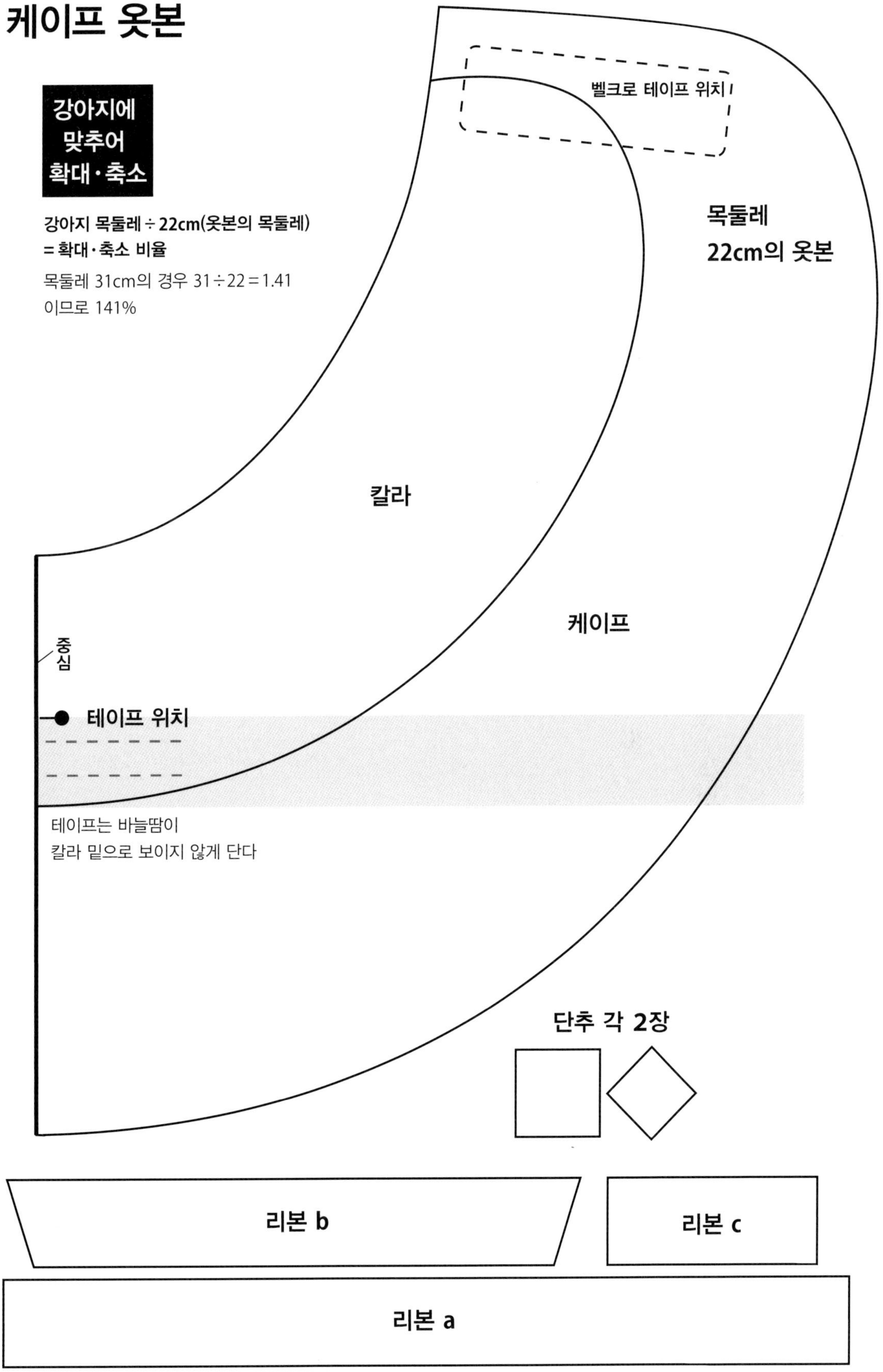

후드 달린 따뜻한 코트

P.42

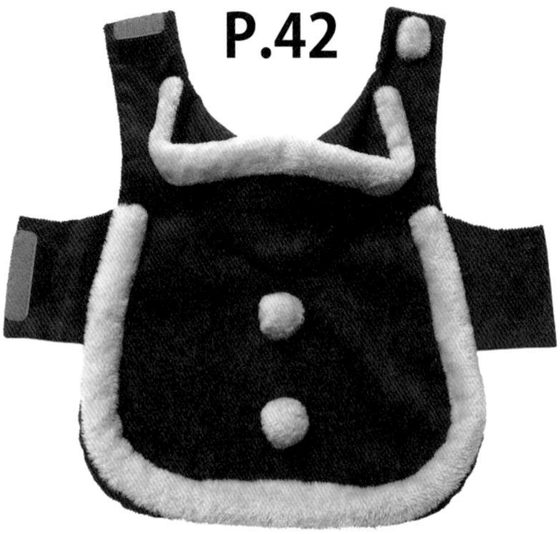

재료 본체와 후드 : 110cm 폭 M 60cm / S 50cm / SS 40cm
보아털 : M 80×20cm / S 70×20cm / SS 60×20cm

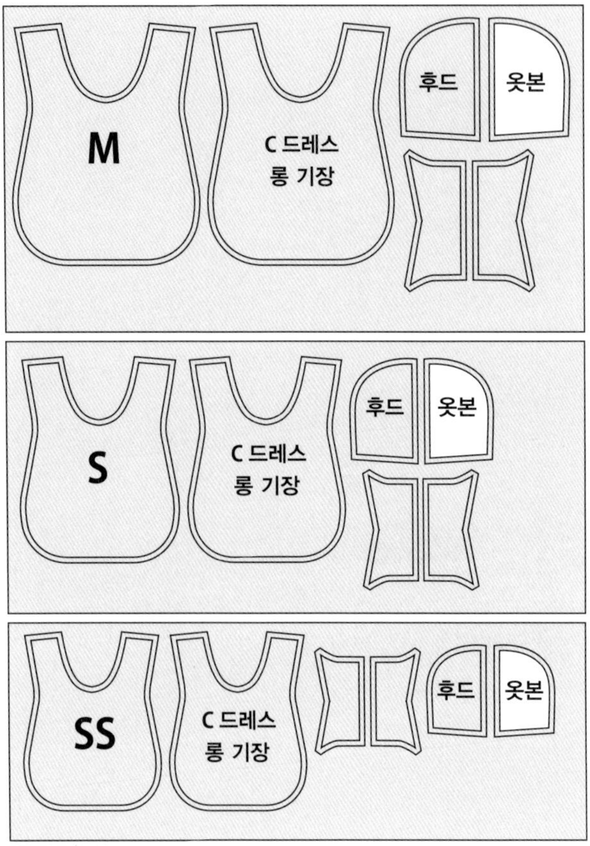

보아털 가장자리 장식 만드는 법

1 필요한 길이로 자른다

2 안쪽으로 접는다

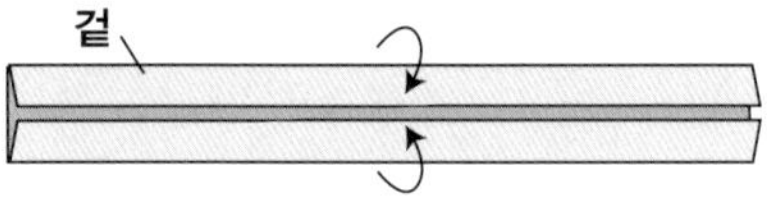

3 반으로 접어 휘갑치기 한다

방울술은 둥글게 모아
휘갑치기 한다

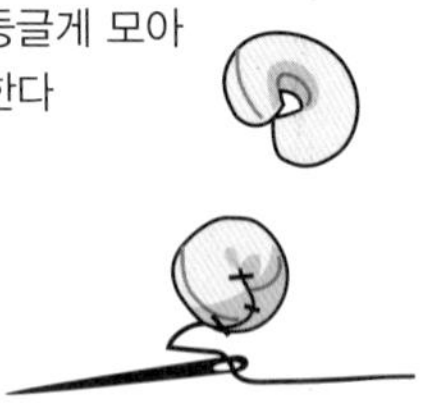

보아털 사이즈

★시판하는 보아털을 사용하는 경우
가까운 사이즈를 고른다.
소재, 털 길이에 따라 다소 분위기가 달라진다

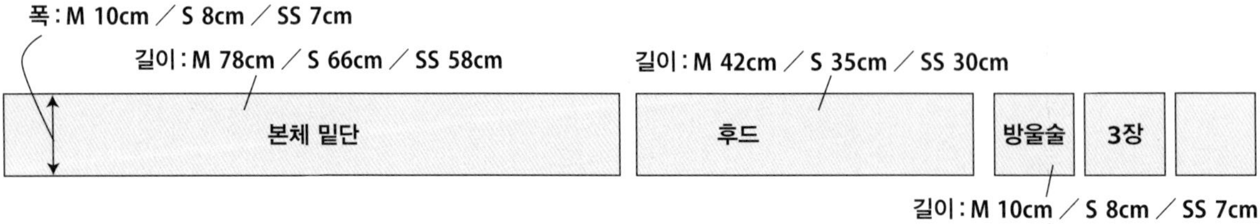

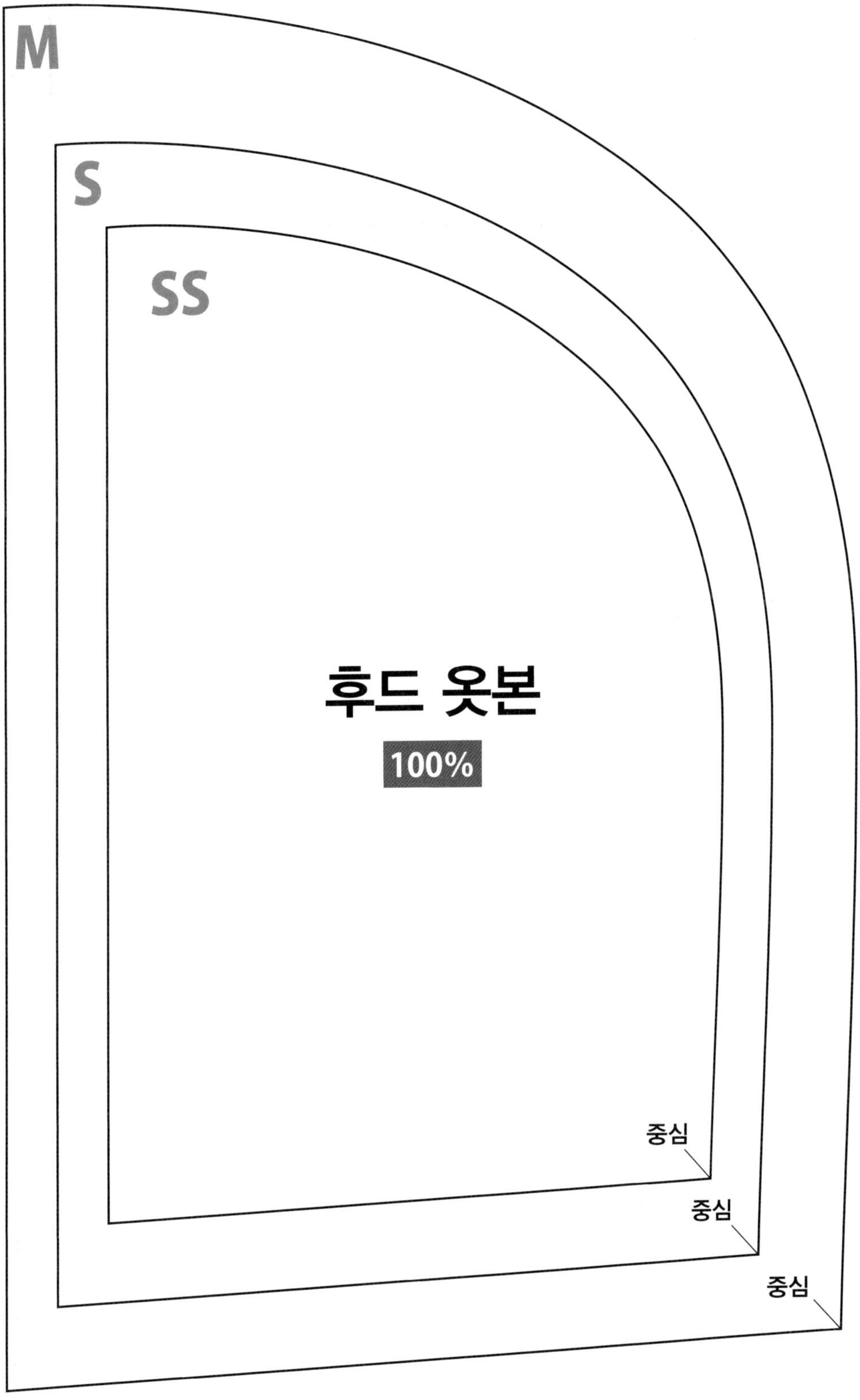
M
S
SS
후드 옷본
100%
중심
중심
중심

강아지에게 옷을 입힐 때는

강아지에게 옷을 입힌다는 것은 주인에게 무척 흐뭇한 일이다.
강아지도 그만큼 주인을 따르게 되는 것이다.

옷을 불편해하는 강아지는 무리해서 입히지 않도록 한다.
사이즈가 맞지 않거나 흔들리는 장식이 거슬리면
옷 입기를 싫어하는 강아지가 많다.
같은 옷인데도 소재를 바꾸면 고분고분 입는 경우도 있다.
강아지에 맞추어 여러 가지 방법을 생각해보자.

2곳에서 고정하는 옷이기 때문에 강아지에게 잘 맞는지 여부가 가장 중요하다.
헐렁하거나 갑갑한 옷을 입히는 것은 피한다.
벨크로 테이프는 단단히 고정하자.
벨크로 테이프는 실이나 털이 엉키면 접착력이 약해지므로 주의해야 한다.

옷을 입는 것은 강아지에게
정말 특별한 일이다.
강아지의 편안함을 최우선으로,
옷을 계속 입혀두는 것은 좋지 않다.
주인이 집에 없을 때나
수면 시간에는 옷을 벗겨놓자.

강아지도 더위나 추위를 탄다.
겨울철 산책에는 코트를 입혀 따뜻하게 해준다.
기온이 높은 날은 서늘한 실내에서 옷을 입히자.

강아지는 주인에게
칭찬받을 때 제일 기뻐한다.
칭찬의 말을 듬뿍듬뿍 해주자.

세탁

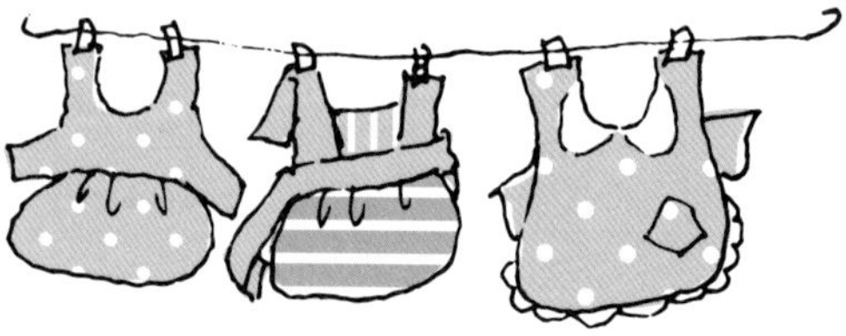

벨크로 테이프가 달려 있어
다른 세탁물과 뒤엉키지 않도록
손빨래를 하자.
충분히 헹군 뒤 손으로 물기를
탁탁 털어 모양을 정돈해 말리자.

펠트나 울 드레스의 경우

30℃ 이하의 미지근한 물에서 울 전용 세제로
조물조물 빨아 충분히 헹군 뒤, 가볍게 짜서
손으로 물기를 탁탁 털어 모양을 정돈하고
바람이 잘 통하는 곳에서 말린다.
겉쪽의 선 털은 중간 온도로 다림질하면
깔끔하게 마무리된다. ※물이 빠지는 것이 있기 때문에
다른 옷과 함께 빨지 않는다. 다소 줄어들 수 있다.

세탁해도 강아지는 자기 냄새를 금방 알아챈다.
자기 냄새가 나는 것은 장난감처럼 가지고 놀아 너덜너덜해지기 일쑤다.
강아지 옆에는 옷을 두지 않는 것이 좋다.

강아지의 그루밍과 트리밍

동물병원에 찾아갈 정도로 큰 문제가 없어도
매일매일 강아지의 건강관리는 중요하다.
사람은 몸 상태가 좋지 않으면 '안색이 나빠요'라고 하지만,
강아지는 복슬복슬한 털로 덮여 있어 건강의 변화를
눈치채지 못하는 경우도 있다.
발톱 손질·이빨 손질·항문샘 케어 등이 매우 중요한 이유다.

주의

강아지마다 성격이 천차만별이다.
활발한 녀석, 점잖은 녀석, 짓궂은 녀석……. 옷을 입었을 때나 장식을 달았을 때는
주인이 주의해서 지켜봐야 한다. 장식이 떨어지거나 풀린 곳은 없는지 내내 신경 써야 한다.
옷이나 장식의 재료 = 천, 장식, 수예 도구나 접착제 등이 강아지 입속에 들어가면 해로울 수 있다.
강아지가 옷을 물어뜯거나 먹지 않도록 주의를 기울이자.

일본어판 발행인 Sunao Onuma
디자인 · 일러스트 Yoko Ganaha
촬영 Tadashi Ikeda(Zoom viewz)
협력 Megumi Sakai(M's Planning)
Hisako Rokkaku Mariko Adachi Norie Hirai
교열 Masako Mukai
편집 Yoko Osawa(BUNKA PUBLISHING BUREAU)

dog's “TAIRA” dress

평면이라 입히기 편한
강아지 옷 12개월

초판 1쇄 발행 2019년 1월 10일
초판 2쇄 발행 2022년 1월 20일

지은이 쓰지오카 피기 · 고바야시 미쓰에 : 피폰
옮긴이 황선영
펴낸이 명혜정
펴낸곳 도서출판 이아소
디자인 황경성
교 열 정수완

등록번호 제311-2004-00014호
등록일자 2004년 4월 22일
주소 04002 서울시 마포구 월드컵북로5나길 18 1012호
전화 (02)337-0446 **팩스** (02)337-0402

책값은 뒤표지에 있습니다.
ISBN 979-11-87113-30-0 13590

도서출판 이아소는 독자 여러분의 의견을 소중하게 생각합니다.
E-mail: iasobook@gmail.com

이 도서의 국립중앙도서관 출판예정도서목록(CIP)은 서지정보유통지원시스템 홈페이지
(http://seoji.nl.go.kr)와 국가자료공동목록시스템(http://www.nl.go.kr/kolisnet)에서
이용하실 수 있습니다. (CIP제어번호 : CIP2018037913)